高职高专规划教材

环境化学

刘晶晶 范 薇 主 编
吴江丽 莫家乐 副主编

·北 京·

本书共六章，包括课程导入、水环境化学、大气环境化学、土壤环境化学、污染物在生物体内的迁移转化、环境保护与绿色化学。根据社会对环境专业人才专业水平与能力的要求，以职业能力培养为主线，同时把素质教育渗透到教学全过程，以建立较为完善的知识体系、提升综合能力为目的构建了课程体系。本教材在内容的编写上，以培养适应新时期的高技能人才为主要目标，改变了传统的复杂专业知识教学方式，分模块分项目来进行课程整体设计，突出以学生为主体的设计理念，以项目作为课程教学内容的载体。包括基础知识、理论提升、技能训练，并辅以知识自测和延伸阅读，便于教学。

本书为高职高专环境类专业教学用书，也可作为大中专院校、企事业单位等环境相关技术人员的参考用书和岗位培训技术用书。

图书在版编目（CIP）数据

环境化学/刘晶晶，范薇主编. —北京：化学工业出版社，2019.3（2021.2重印）
高职高专规划教材
ISBN 978-7-122-33791-7

Ⅰ.①环… Ⅱ.①刘…②范… Ⅲ.①环境化学-高等职业教育-教材 Ⅳ.①X13

中国版本图书馆CIP数据核字（2019）第011545号

责任编辑：王文峡　　文字编辑：向　东
责任校对：宋　夏　　装帧设计：史利平

出版发行：化学工业出版社（北京市东城区青年湖南街13号　邮政编码100011）
印　　装：三河市双峰印刷装订有限公司
787mm×1092mm　1/16　印张9¼　字数227千字　　2021年2月北京第1版第2次印刷

购书咨询：010-64518888　　售后服务：010-64518899
网　　址：http://www.cip.com.cn
凡购买本书，如有缺损质量问题，本社销售中心负责调换。

定　　价：32.00元

环境化学是在化学科学的传统理论和方法基础上发展起来的，以化学物质在环境中出现而引起的环境问题为研究对象，以解决环境问题为目标的交叉学科，是探讨由于人类活动引起的环境问题的变化规律，及其保护和治理环境的方法原理。其主要内容包括研究环境污染和治理技术中的化学、化工原理以及环境污染物在环境中的迁移与转化等问题。用绿色化学和物理化学等方法，从原子及分子水平上，研究环境中化学污染物产生的起源、迁移分布、相互反应、转化机制、状态结构的变化、污染效应和最终归宿，是环境科学的重要分支。

根据教育部有关高职高专教材建设的文件精神，结合当前高职高专“做中学、做中教”的教学改革要求，在满足高职院校环境类专业对环境化学教材要求的同时，编者根据多年环境化学理实一体化教学改革的经验，编写了本教材。

本教材采用模块式编排结构，将原有的以章节为分段的学科式教学体系设计为以项目为依托理实融合的模块教学体系。根据社会对环境专业人才专业水平与能力的要求，以职业能力培养为主线，同时把素质教育渗透到教学全过程，以建立较为完善的知识体系、提升综合能力为目的构建了课程体系。本教材在内容的编写上，以培养适应新时期的高技能人才为主要目标，改变了传统的复杂专业知识教学方式，分模块分项目来进行课程整体设计，突出以学生为主体的设计理念，以项目作为课程教学内容的载体。

本书可作为高职高专环境类专业教学用书，也可作为大中专院校、企事业单位环境相关技术人员的参考用书和岗位培训技术用书。

本书由长沙环境保护职业技术学院刘晶晶、广东环境保护工程职业学院范薇担任主编，长沙环境保护职业技术学院吴江丽、广东环境保护工程职业学院莫家乐担任副主编，长沙环境保护职业技术学院白珊、广东环境保护工程职业学院林书乐、湖南环境生物职业技术学院罗晶参编，由长沙环境保护职业技术学院刘益贵教授进行审稿。编写成员具体分工如下：刘晶晶负责拟定本书的编写方案并编写第一章的内容及校对工作，莫家乐编写第二章内容，白珊编写第三章内容，林书乐编写第四章内容，罗晶编写第五章内容，范薇编写第六章内容，吴江丽编写全书技能提升部分的内容，刘晶晶、范薇、莫家乐做全书的统稿工作。

在本书编写的过程中，特别感谢长沙环境保护职业技术学院的李倦生教授和刘益贵教授对本书的编写提出许多好的修改建议，同时也向对本书出版给予支持的有关编委们表示诚挚的感谢。

由于作者的水平所限，书中难免存在疏漏和不妥之处，敬请各位读者给予批评指正。

编　者

2018 年 8 月于长沙

目录
CONTENTS

第一章 课程导入

知识链接一 环境及环境污染

一、环境

1. 环境

《中华人民共和国环境保护法》把环境定义为："本法所称的环境，是指影响人类生存和发展的各种天然的和经过人工改造的自然因素的总体，包括大气、水、海洋、土地、矿藏、森林、草原、湿地、野生生物、自然遗迹、人文遗迹、自然保护区、风景名胜区、城市和乡村等。"这一定义把环境分为两大类：一类是"天然的自然因素"，也就是人们通常所说的自然环境，其特点是天然形成，无人工干预；另一类是"经过人工改造的自然因素"，即在天然的自然因素的基础上，人类经过有意识的劳动而构造出的有别于原有自然环境的新环境。

自然环境是人类赖以生存、生活和生产所必需的自然条件和自然资源的总称，即阳光、温度、气候、地磁、空气、水、岩石、土壤、动植物、微生物以及地壳的稳定性等自然因素的总和。社会环境是指人类的社会制度等上层建筑条件，包括居住环境、生产环境、交通环境、文化环境和其他社会环境。

2. 环境问题

全球环境或区域环境中出现的不利于人类生存和发展的各种现象，称为环境问题。

环境问题按成因的不同分为原生环境问题和次生环境问题。原生环境问题，即由自然力引发的问题，也称第一类环境问题，如火山喷发、地震、洪灾等。次生环境问题，即由于人类生产、生活引起生态破坏和环境污染，反过来危及人类生存和发展的现象，也称第二类环境问题。环境科学着重研究的不是自然灾害问题，而是人为的环境问题，即次生环境问题。

人类与环境之间是一个有着相互作用、相互影响、相互依存关系的对立统一体。人类的生产和生活活动作用于环境，会对环境产生有利或不利的影响，引起环境质量的变化；反过来，变化了的环境也会对人类的身心健康和经济发展产生有利或不利的影响。如因人类活动而产生的次生环境问题往往加剧了原生环境问题的危害，原生环境问题的加剧又导致了次生环境问题的进一步恶化。

次生环境问题还可以进一步划分为生态破坏与环境污染两大类型。生态破坏主要是由于人类盲目开发利用自然资源，超出环境承载力，引起生态环境质量恶化、生态平衡破坏或自然资源枯竭的现象。例如，畜牧业的高速发展、过度砍伐森林和开荒造田导致的草原退化、水土流失、物种灭绝以及沙漠化等。环境污染则是随着人口的过度膨胀、城市化的规模发展和经济的高速增长形成的环境污染和破坏，造成环境质量发生恶化，原有的生态系统被扰乱的现象。如水污染、大气污染、酸雨、臭氧层破坏、海洋污染等。

3. 全球环境问题

近代工业革命使人与自然环境的关系又一次发生巨大变化。从20世纪中叶开始，科学技术的飞速发展和世界经济的迅速增长，使人类“征服”自然的足迹踏遍全球，人类活动正在改变地球的生态系统。环境问题也逐渐从地区性问题发展成波及世界各国的全球性问题，出现了一系列引起国际社会关注的热点问题。全球环境问题包括气候变化、臭氧层破坏、森林破坏与生物多样性减少、大气及酸雨污染、土地荒漠化、国际水域与海洋污染、有毒化学品污染和有害废物越境转移等。围绕这些问题，国际社会在经济、政治、科技、贸易等方面形成了广泛的合作关系，并建立起了一个庞大的国际环境条约体系，正在越来越大地影响着全球经济、政治和科技的未来走向。

4. 我国环境问题

2016年6月，环保部出台了《关于积极发挥环境保护作用促进供给侧结构性改革的指导意见》，提出了总体思路和重点任务。在中央环保督察的推动下，各省相继关停了很多排放不达标、严重污染环境的“小、散、乱、污”企业。石化、钢铁、有色、化工、煤炭、水泥等高污染、高能耗行业污染治理需求进一步释放。

十九大报告为生态环境保护工作制定了时间表和路线图，也为环保产业明确了重点任务。环保产业发展，是供给侧结构性改革的应有之义。供给侧结构性改革是“十三五”产业结构优化升级的主线，环境保护是推进供给侧结构性改革的重要措施。

我国当前的环境形势从总体上看，生态环境恶化的趋势初步得到遏制，部分地区有所改善，但目前环境形势依然相当严峻，不容乐观。

我国环境问题的主要表现如下：

① 污染物排放总量还相当大，远远高于环境自净能力；

② 工业污染治理任务仍相当繁重；

③ 不少地区农业水质、土质污染日渐突出，有些地方的农产品有害残留物严重超标，影响人体健康和产品出口；

④ 部分地区水土流失、荒漠化仍在加剧。

二、环境污染

1. 环境污染及分类

环境污染是指人类活动产生的副产品和废物进入环境，并在环境中扩散、迁移、转化，使环境系统的结构与功能发生变化，对生态系统产生的一系列干扰和侵害。具体表现为：

① 有害物质对大气、水、土壤和动植物的污染并达到致害的程度；

② 生物界的生态系统遭到不适当的干扰和破坏；

③ 不可再生资源被滥采滥用；

④ 固体废物、噪声、振动、恶臭、放射线等造成对环境的损害。

造成环境污染的因素有物理的、化学的和生物的三方面，其中由化学物质引起的约占80%～90%。

进入环境后使环境的正常组分和性质发生直接或间接的有害于人类的变化的物质称为环境污染物。环境污染物包括没有利用价值的废弃物和在生产中未充分利用的有用物质，且这些物质必须在特定的环境中达到一定的数量或浓度并持续一定的时间。例如，铬是人体必需的微量元素，氮和磷是植物的营养元素，如果它们较长时间在环境中的浓度较高，就会造成人体中毒、水体富营养化等有害后果。

环境污染物按污染来源可分为一次污染物和二次污染物。一次污染物指由污染源直接排入环境的，其物理和化学性质未发生变化的污染物，可通过一系列的环境自净作用降解成无害的物质。二次污染物指一次污染物在自然环境中通过理化反应或生化作用转变成的新的、理化性状与一次污染物不同的污染物。如一次污染物二氧化硫在环境中氧化而成的硫酸盐气溶胶；汽车废气中的氮氧化物、碳氢化合物等在日光的照射下发生光化学反应，生成的臭氧、过氧乙酰硝酸酯（PAN）、甲醛和酮类等；无机汞化合物通过微生物的作用转变成的甲基汞化合物；某些农药通过微生物或光解作用生成的降解产物等。通常，二次污染物对环境和人体的危害要比一次污染物严重。环境中的污染物既可能是直接由污染源排出的一次污染物，又可能是在环境中转化而成的二次污染物，如大气中的 SO_3，可能是由污染源直接排出，也可能是由 SO_2 氧化生成。

环境污染按污染产生的原因可分为生产污染（包括工业污染、农业污染、交通污染等）和生活污染；按污染物的形态可分为废气污染、废水污染、固体废物污染、噪声污染、辐射污染等；按环境要素可分为大气污染、水体污染、土壤污染等；按污染物的性质可分为物理污染物（包括噪声、微波辐射、放射性污染物等）污染、化学污染物（包括无机污染物和有机污染物）污染和生物污染物（包括病原体、变应原污染物等）污染；按污染物的分布范围又可分为全球性污染、区域性污染、局部性污染等。

2. 环境污染源

环境污染源是指造成环境污染的污染物发生源，一般指向环境排放有害物质或对环境产生有害影响的场所、设备和装置。

环境污染源可分为天然污染源和人为污染源。天然污染源是指自然现象过程中向环境排放有害物质或造成有害影响的场所，如火山喷发、森林火灾等。人为污染源是指造成污染的人类各种活动场所，也是环境保护工作研究和控制的主要对象。

根据污染源的特点和解决环境问题的对象，人为污染源有多种分类方法。通常是按人类社会活动功能和整个环境污染的情况，把污染源概括地分为工业污染源、农业污染源、交通运输污染源和生活污染源。

（1）工业污染源

主要是原料开采、加工生产、石化燃料的燃烧、加热冷却、成品整理等工业生产环节和过程中所使用的设备或场所。这类污染源向环境排放废气、废水、废渣和废热，污染大气、水体和土壤，还产生噪声、振动、有害辐射以及电磁污染危害周围环境。各种工业生产过程排出的废物含有不同的污染物。例如：煤燃烧过程等产生的气态和固态污染物；一些化工生产过程排出的废气；炼油厂排出的含油废水、硫化物、碱类等；电镀工业废水中含有的重金属（铬、镍、铜等）离子、酸、碱、氰化物和各种电镀助剂。

（2）农业污染源

农业对环境产生污染主要是由于使用农药、化肥、农业机械等工业品，农业本身造成的水土流失和农业废弃物。农家肥料中常含有细菌和微生物。农业污染源主要来自不合理施用化肥和农药，除了破坏土壤的生态系统，还破坏水体的生态系统。目前在世界范围内大量使用的化学农药约有50余种，主要污染物有有机氯类、有机磷类、氨基甲酸酯类、苯氧羧酸类、苯酰胺类等。残留在土壤中的化学肥料氮和磷，以及牧场、养殖场、农副产品加工厂的有机废物，通过降水形成的径流和渗流进入水体，使水体水质恶化，有时造成河流、水库、湖泊等水体的富营养化。大量氮化合物进入水体则导致饮用水中硝酸盐含量增加，危及人体健康。

(3) 交通运输污染源

交通运输污染主要是噪声、汽油（柴油）等燃料燃烧产物的排放和有毒有害物的泄漏、清洗、扬尘和污水等。交通运输污染源主要来自对周围环境造成污染的交通运输设施和设备。这类污染源排放废气和洗刷废水（包括油轮压舱水）、泄漏有害液体、发出噪声等都会污染环境。主要污染物有一氧化碳、氮氧化物、碳氢化合物、二氧化硫、铅化合物、苯并［*a*］芘、石油和石油制品以及有毒有害的运载物。

(4) 生活污染源

生活活动也能产生物理的、化学的和生物的污染，排放“三废”，如分散取暖和炊事废气、生活污水、生活垃圾等。生活污染源主要来自人类消费活动产生的各种废弃物，其污染环境的途径有：

① 消耗能源排出废气造成大气污染，如城市居民普遍使用的小炉灶在城市区域内排放的废气；

② 排出生活污水（包括粪便）造成水体污染，如生活污水中的有机物、合成洗涤剂、氯化物以及致病菌、病毒和寄生虫卵等污染物进入水体，恶化水质，并传播疾病；

③ 抛弃的城市垃圾造成环境污染，如厨房废物、废塑料、废纸、废金属、煤炭和渣土等。

按人类活动的性质，可分为生产污染源与生活污染源。

按污染源的种类，可分为有机污染源、无机污染源、热污染源、噪声污染源、放射性污染源、病原体污染源以及多种污染物的混合污染源等。事实上，大多数污染源都属于混合污染源。例如，煤燃烧排放出的烟气中就含有CO、CO_2、SO_2、NO_x与粉尘等污染物；化工厂排出的废气中含有H_2S、NO_2、HF、HCl、NH_3等有害气体。

按污染源污染的主要对象，还可分为大气污染源、水体污染源和土壤污染源等。

按排放污染物的空间分布方式，把在一个很小范围内或某一个点排放污染物的场所称为点源（包括固定源与移动源），在一个大面积范围排放污染物的场所称为面源，还有扩散源等。

知识链接二
环境化学

一、环境化学

环境化学是一门研究有害化学物质在环境介质中的存在、化学特性、行为和效应及其控制的化学原理和方法的学科。它既是环境学科的核心组成部分，也是化学学科的一个新的重要分支，同时还研究环境中的化学现象对人类的作用和影响。它是在化学学科的传统理论和方法基础上发展起来的，运用化学、物理、数学、生物、计算机、气象、地理、土壤等多门学科的理论和方法来研究环境中的化学现象和本质。

环境化学与化学的区别在于环境化学是研究环境这个复杂体系中的化学现象，而化学研究的体系一般是单组分体系或不太复杂的多组分体系；环境化学研究的体系一般是开放体系，而化学研究的体系一般是封闭体系。但二者并不是截然分开的，而是有着非常密切的联系的。如在了解某物质的环境化学行为之前一般总要先了解其化学行为，化学的理论和方法在环境化学中得到广泛的应用等。实际上，化学是环境化学的基础，环境化学是化学的应用学科。

环境化学研究的内容主要涉及：有害物在环境介质中的浓度水平和形态分布；有害物的迁移转化和归宿；有害物对生态和人体作用的途径、方式、程度和风险；有害物已造成的影响或防止它们造成影响的方法和途径。

总的来说，环境化学的研究任务主要包括：

① 研究环境的化学组成，建立环境化学物质的分析方法；

② 掌握环境的化学组成，研究和掌握环境物质在环境中的形态、分布、迁移和转化规律；

③ 查清环境污染物的来源；

④ 研究污染物的控制和治理的原理及方法；

⑤ 研究环境化学物质对生态系统及人类的作用和影响。

从学科研究内容来说，环境化学的特点主要有以下方面：

① 从微观的原子、分子水平上来研究宏观的环境现象与变化的化学机制及其防治途径，其核心是研究化学污染物在环境中的化学转化和效应；

② 与基础化学研究的形式方法不同，环境化学所研究的环境本身是一个多元素的开放性体系，变量多、条件较复杂，许多化学原理和方法则不宜直接运用；

③ 化学污染物在环境中的含量很低，一般只有 mg/kg 或 μg/kg 级水平，甚至更低；

④ 环境样品一般组成比较复杂，化学污染物在环境介质中还会发生形态的变化；

⑤ 化学污染物分布广泛，迁移转化速率较快，在不同的时空条件下有明显的动态变化。

二、环境化学的发展趋势

环境化学是在认识和解决实际环境问题过程中形成的一门化学分支学科。自其诞生之日起，在理论体系和研究方法不断成熟的同时，其研究热点和学科前沿也不断随着新型环境问题的出现而变化。

在环境分析化学方面，新型污染物的痕量和超痕量分析方法、真实环境中纳米材料形态和浓度检测方法、气溶胶表面分析技术有待建立，而相关大型科学装置是环境化学学科创新发展不可或缺的工具。

在环境污染化学方面，环境界面过程的化学机制仍是亟待解决的关键科学问题。面对雾霾控制这一重大需求，大气细粒子成因和控制机制研究成为学科前沿；而藻华爆发与消除这一水环境化学难题仍未得到根本性解决，急需新的研究思路和方法。污染物在土壤-植物系统中的界面过程仍是难题，先进科学设备的使用和分子机制的解析将为这一问题的解决提供可行途径。

在污染生态化学方面，复合毒性和复合污染是环境研究的永恒主题，低剂量长期暴露的健康危害日益引起关注。已经确认非遗传因素在环境与健康研究中扮演着重要角色，基因组研究虽然可以帮助确认易感人群，但是无法全面诠释 T2D 等一些代谢异常人类疾病的发病原因。现阶段需要开发组学方法等高通量研究工具，需要数据挖掘技术来提取暴露-响应、暴露-基因等水平变化的关联，以期解析关键的毒性通路。

在污染控制化学方面，纳米材料等新型材料的使用是一个亮点，亦是一个方向。以纳米材料为基础，通过控制其晶体结构、电子结构和微观结构，可优化增强其催化降解性能，而纳米材料的可控三维组装又能进一步拓展材料的功能性，从而有效推进纳米技术在环境领域的实用化进程。此外，固体废物污染控制仍将是环境化学不可回避的挑战。

知识自测

1. 环境化学的主要研究任务有哪些？
2. 结合本章所学的内容，讨论工业的发展给环境带来了怎样的变化。

延伸阅读

优先控制污染物（黑名单）

对众多有毒污染物进行分级排队，从中筛选出潜在危害大，在环境中出现频率高的污染物作为监测和控制对象。这一筛选过程就是数学上的优先过程，经过优先选择的污染物称为环境优先污染物，简称优先污染物。

美国环保局基于有毒化学物的毒性、自然降解的可能性及在水体中出现的概率等因素，从 7 万余种有机化学物中筛选出 65 类 129 种优先控制的污染物名单。其中有毒有机化合物有 114 种，占总数的 88.4%，包括 21 种杀虫剂，8 种多氯联苯及有关化合物，26 种卤代脂肪烃，7 种卤代醚，12 种单环芳烃，11 种苯酚类，6 种邻苯二甲酸酯，16 种多环芳烃，7 种亚硝胺及其他化合物。

欧洲经济共同体于 1975 年提出有毒化合物的“黑名单”和“灰名单”。德国和荷兰也提出有机污染物的控制名单。

中国优先控制的有毒有机化合物：在“黑名单”中，共有 14 类 68 种优先控制的污染物。其中优先控制的有毒有机化合物有 12 类 58 种，占总数的 85.29%，包括 10 种卤代(烷、烯）烃类，6 种苯系物，4 种氯代苯类，1 种多氯联苯，7 种酚类，6 种硝基苯，4 种苯胺，7 种多环芳烃，3 种邻苯二甲酸酯，8 种农药、丙烯腈和 2 种亚硝胺。

世界“八大公害事件”

比利时马斯（Meuse）河谷烟雾事件：发生在 1932 年 12 月，重工业排放的 SO_2 使数千人中毒，60 余人死亡。

美国洛杉矶光化学烟雾事件：发生在 1943 年 5～10 月，大量聚集的汽车尾气中的碳氢化合物在阳光作用下，与空气中其他成分发生化学作用而产生臭氧、氮氧化物、乙醛等有毒气体，造成 400 余人死亡。

多诺拉烟雾事件：1948 年 10 月 26～31 日，美国宾夕法尼亚州多诺拉镇冶炼厂排放的 SO_2 和烟尘，使 5911 人发病，17 人丧生。

伦敦烟雾事件：发生在 1952 年 12 月 5～8 日，燃煤产生的二氧化硫和粉尘等难以扩散，积聚在城市上空，4 天内中毒死亡 4000 多人。

四日市哮喘事件：1955 年以来日本四日市石油提炼和工业燃油产生的废气严重污染城市大气，哮喘病患者达 817 人，死亡 36 人。

痛痛病事件：1955～1972 年日本富山县内的锌、铅冶炼厂等排放的含镉废水污染神通川水体，两岸居民利用河水灌溉农田，使稻米含镉，居民食用含镉米和饮用含镉水而中毒，患者超过 280 人，死亡数十人。

水俣事件：1953～1956 年，日本熊本县水俣市，居民食用含有甲基汞的鱼，导致水俣湾和新县阿贺野川下游有机汞中毒者 283 人，其中 60 人死亡。

米糠油事件：1968 年 3 月，日本北九州市爱知县一带生产米糠油时，混入多氯联苯，造成 13000 人中毒，死亡 16 人。

第二章 水环境化学

基础知识

一、水体及水体污染

1. 水体

水体是指河流、湖泊、沼泽、地下水、冰川、海洋等“地表储水体”的总称。从自然地理角度来看，水体是指地表水覆盖地段的自然综合体，在这个综合体中，不仅有水，而且还包括水中的悬浮物及底泥、水生生物等。水体可以按“类型”划分，也可以按“区域”划分。按类型划分时，地表储水体可分为海洋水体和陆地水体；陆地水体又可分为地表水体和地下水体。按区域划分的水体，是指某一具体的被水覆盖的地段，如太湖、洞庭湖、鄱阳湖，是三个不同的水体，但按陆地水体类型划分，它们同属于湖泊；又如长江、黄河、珠江，它们同为河流，而按区域划分，则分属于三个流域的三条水系。

2. 水体污染

水体污染是指排入水体的污染物在数量上超过了该物质在水体中的本底含量和水体的环境容量，从而导致水体的物理特征、化学特征和生物特征发生不良变化，破坏了水中固有的生态系统，破坏了水体的功能，影响水的有效利用和使用价值的现象。引起水体污染的物质叫水体污染物。

人为水体污染即指人为因素造成的水体污染。人为水体污染是引起水体污染的主要原因。

3. 水体中主要污染物

根据性质的不同，水体污染物可分为化学性污染物、物理性污染物和生物性污染物三大类。

（1）化学性污染物

① 无机无毒污染物　无机无毒物质大致可以分为三种类型：一是砂粒、矿渣一类的颗粒态物质；二是酸、碱和无机盐类；三是氮、磷等营养物质。

a. 颗粒态物质　砂粒、土粒及矿渣一类的无机颗粒污染物质和有机颗粒污染物质统称为悬浮物或悬浮固体。悬浮物是水体的主要污染物之一。水体被悬浮物污染，会大大降低光的穿透能力，减少了水生植物的光合作用并妨碍水体的自净作用；对鱼类产生危害，可能堵塞鱼鳃，导致鱼的死亡。制浆造纸废水中的纸浆对此最为明显。水中的悬浮物是各种污染物的载体，它可能吸附一部分水中的污染物并随水流动而迁移。

b. 酸、碱和无机盐类 水体中的酸性污染物主要来自矿山排水和工业废水，如金属加工、酸洗车间、黏胶纤维、染料及酸法造纸等工业都排放酸性废水；水体中的碱性污染物主要来源于碱法造纸、化学纤维、制碱、制革及炼油等工业废水。酸性废水与碱性废水相互中和产生各种盐类，它们与地表物质相互反应，也可能生成无机盐类。因此，酸、碱的污染必然伴随着无机盐类的污染。

酸、碱性污染物进入水体，使水体的pH值发生变化，腐蚀船舶和水下建筑，破坏水体自然缓冲作用，消灭或抑制水中微生物生长，妨碍水体自净；水体长期遭受酸、碱污染，水质逐渐恶化，周围土壤酸、碱化，危害渔业生产。

此外，酸、碱污染还会大大增加水中一般无机盐类的含量和水的硬度。水中无机盐的存在会增加水的渗透压，对淡水生物生长不利。水的硬度增加将使工业用水的处理费用提高。

c. 氮、磷等营养物质 营养物质是指促使水中植物生长，从而加速水体富营养化的各种物质，主要指含氮和磷的物质。

城市生活污水中含有丰富的氮、磷，粪便是生活污水中氮的主要来源；含磷洗涤剂的使用使生活污水中也含有大量的磷；未被植物吸收利用的化肥绝大部分被农田排水和地表径流带至地表水和地下水中；农业废弃物（如植物秸秆、牲畜粪便等）也是水体中含氮污染物的主要来源。

② 无机有毒污染物 无机有毒污染物主要是重金属等有潜在长期不良影响的物质及氰化物等。

重金属在自然界分布广泛，天然水体中重金属含量均很低，如汞的含量在10^{-3}～10^{-2}mg/L量级。化石燃料的燃烧、采矿和冶炼是重金属污染的最主要来源。重金属在水体中以氢氧化物、硫化物、硅酸盐、配位化合物或离子状态存在，其毒性以离子态最为严重；重金属不能被生物降解，有时还可转化为剧毒的物质，如无机汞转化为甲基汞；大多数重金属离子能被富集于生物体内，通过食物链危害人类。

水体中氰化物主要来源于电镀废水，焦炉和高炉的煤气洗涤冷却水，某些化工厂的含氰废水及金、银选矿废水等。氰化物是剧毒物质，急性中毒会抑制细胞呼吸，造成人体组织严重缺氧，氰对许多生物有害，能毒死水中微生物，妨碍水体自净。

③ 有机无毒污染物（需氧有机污染物） 生活污水、牲畜污水以及屠宰、肉类加工、罐头加工、制革、造纸等工业废水中所含碳水化合物、蛋白质、脂肪等有机物可在微生物的作用下进行分解，在分解过程中，需要消耗氧气，故称之为需氧有机物。

这类有机物大量排入水体，将会大量消耗水体中的溶解氧，造成水体缺氧，从而影响鱼类和其他水生生物的生长。水中溶解氧耗尽后，有机物将进行厌氧分解而产生大量硫化氢、氨、硫醇等难闻物质，使水体变黑发臭，水质进一步恶化。需氧污染物是目前水体中量最大、面最广和最常见的一类污染物质。

④ 有机有毒污染物 水体中有机有毒污染物的种类很多，大多属于人工合成的有机物质，如农药（DDT、六六六等有机氯农药）、醛、酮、酚以及多氯联苯、多环芳烃、芳香族氨基化合物等，这类物质主要来源于石油化学工业的合成生产过程及有关产品使用过程中排放出的废水。

这类污染物大多比较稳定，不易被微生物降解，所以又称为难降解有机污染物。例如，有机农药在环境中的半衰期为十几年到几十年，对人体健康有损害的同时，有些还具有致癌、致畸、致突变作用，如多氯联苯是较强的致癌物质，水生生物对有机氯农药有很强的富集能力，在水生生物体内的有机氯农药含量可比水中含量高几千到几百万倍，通过食物链进入人体，达到一定浓度后，显示出对人体的毒害作用。

⑤ 油类污染物　油类污染物包括矿物油和动植物油。它们均难溶于水，在水中常以粗分散的可浮油和细分散的乳化油等形式存在。

油污染是水体污染的重要类型之一，特别是在河口、近海水域更为突出。主要是工业排放、海上采油、石油运输船只的清洗船舱及油船意外事故的流出等造成的。漂浮在水面上的油形成一层薄膜，影响大气中氧的溶入，从而影响鱼类的生存和水体的自净作用，也干扰某些水处理设施的正常运行。油脂类污染物还能附着于土壤颗粒和动植物体表面，影响养分的吸收和废物的排出。

近年来，石油及石油类制品对水体的污染比较突出，在石油开采、运输、炼制和使用过程中，排出的废油和含油废水使水体遭受污染。石油化工、机械制造行业排放的废水也含有各种油类。

石油进入海洋后不仅影响海洋生物的生长、降低海滨环境的使用价值、破坏海岸设施，还可能影响局部地区的水文气象条件和降低海洋的自净能力。

(2) 物理性污染物

① 热污染　因能源的消费而引起环境增温效应的污染叫热污染。水体热污染主要来源于工矿企业向江河排放的冷却水。其中以电力工业为主，其次是冶金、化工、石油、建材、机械等工业，如以煤为燃料的发电站，通常只有40%的热能转变为电能，剩余的热能则随冷却水带走进入水体或大气。

热污染使水体水温升高，加速水体中的化学反应，增加水体中有毒物质的毒性，如当水温从8℃升高到18℃时，氰化钾对鱼类的毒性提高一倍；水温升高会降低水生生物的繁殖率。此外水温升高可使一些藻类繁殖加快，加速水体“富营养化”的过程，使水体中溶解氧下降，破坏水体的生态和影响水体的使用价值。

② 放射性污染　水中所含有的放射性核素构成一种特殊的污染，总称为放射性污染。核武器试验是全球放射性污染的主要来源，原子能工业特别是原子能电力工业的发展致使水体的放射性物质含量日益增高，铀矿开采、提炼、转化、浓缩过程均产生放射性废水和废渣。

对水体污染最严重的放射性物质有锶90、铯132等，这些物质半衰期长，化学性能与人体组成元素钙、钾相似，经水和食物进入人体后，能在一定部位累积，从而增加人体的放射性辐射，严重时可引起细胞癌变或遗传变异。

(3) 生物性污染物

生物性污染物指废水中的致病微生物及其他有害的生物体，主要包括病毒、病菌、寄生虫卵等各种致病体。常见的病菌有大肠杆菌、绿脓杆菌等；病毒有肝炎病毒、感冒病毒等；寄生虫有血吸虫、蛔虫等。此外，废水中若生长有铁菌、硫菌、藻类、水草及贝壳类动物时，会堵塞管道、腐蚀金属及恶化水质，也属于生物性污染物。

生物性污染物主要来自城市生活污水、医院废水、垃圾及地面径流等方面，是目前危害人类健康和生命的主要水污染类型之一。天然水中一般含细菌是很少的，病原微生物就更少，受病原微生物污染后的水体，微生物激增，其中多数是致病菌、致病虫卵和病毒，它们往往与其他细菌和大肠杆菌共存。

生物性污染物的特点是数量大、分布广、存活时间长、繁殖速度快、易产生抗药性。一般的污水处理不能彻底消灭微生物，这类微生物进入人体后，一旦条件适合，就会引起疾病。

水质监测中常用细菌总数和大肠杆菌总数作为致病微生物污染的衡量指标。

4. 水体污染源

水在循环过程中，不可避免地会混入许多杂质（溶解的、胶态的和悬浮的）。其中，由于人类活动排放出大量的污染物，这些污染物质通过不同的途径进入水体，使水体的感官性状（如色度、味、浑浊度等）、物理化学性质（如温度、电导率、氧化还原电位、放射性等）、化学成分（有机物和无机物）、水中的生物组成（种群、数量）以及底质等发生变化，水质变坏，水的用途受到影响，这种情况就称为水体污染。向水体排放或释放污染物的来源或场所，称之为水体污染源。

（1）生活污水

生活污水是人们日常生活中产生的各种污水的总称。主要包括粪便水、洗浴水、洗涤水和冲洗水等。其来源除家庭生活污水外，还有各种集体单位和公用事业等排出的污水。

生活污水一般具有如下特点：含氮、磷、硫高；含有纤维素、淀粉、糖类、脂肪、蛋白质、尿素等在厌氧性细菌作用下易产生恶臭的物质；含有多种微生物，如细菌、病原菌、病毒等，易使人传染上各种疾病；洗涤剂的大量使用使它在污水中含量增大，呈弱碱性，对人体有一定危害。

随着人口在城市和工业区的集中，导致城市生活污水的排放量剧增。未经处理的生活污水排入天然水体会造成水体污染，需经处理后才能排放。

（2）工业废水

由于工业的迅速发展，产出大量的工业废水。工业废水污染已成为水体污染最重要的污染源之一。一些工业废水中所含的主要污染物如表 2-1 所示。

表 2-1 一些工业废水中所含的主要污染物

工业部门	废水中主要污染物
化学工业	各种盐类、Hg、As、Cd、氰化物、苯类、酚类、醛类、醇类
石油化学工业	油类、多油类、有机物、硫化物
有色金属冶炼	酸，重金属 Cu、Pb、Zn、Hg、Cd、As 等
钢铁工业	酚、氰化物、多环芳香烃化合物、油、酸
纺织印染工业	染料、酸、碱、硫化物、各种纤维素悬浮物
制革工业	铬、硫化物、盐、硫酸、有机物
造纸工业	碱、木质素、酸、悬浮物等
采矿工业	重金属、酸、悬浮物等
火力发电	冷却水的热污染、悬浮物
核电站	放射性物质、热污染
建材工业	悬浮物
食品加工工业	有机物、细菌、病毒
机械制造工业	酸，重金属 Cr、Cd、Ni、Cu、Zn 等，油类
电子及仪器仪表工业	酸、重金属

工业废水的主要特点有以下几点：

① 排放量大，污染范围广，排放方式复杂。工业生产用水量大，相当一部分生产用水

中都携带原料、中间产物、副产物及终产物等排出厂外。工业企业遍布全国各地，污染范围广，不少产品在使用中又会产生新的污染。据估计全世界化肥施用量约5亿吨，农药200多万吨，全球地表水和地下水均受到不同程度的污染。工业废水的排放方式复杂，有间歇排放、连续排放、规律排放和无规律排放等，污染防治困难较大。

② 污染物种类繁多，浓度波动幅度大。由于工业产品品种繁多，生产工艺也各不相同，因此，工业生产过程中排出的污染物也数不胜数，不同污染物性质有很大差异，浓度也相差甚远。

③ 污染物质毒性强，危害大。如酸、碱类污染的废水，有刺激性、腐蚀性，而有机含氧化合物如醛、酮、醚等则有还原性，能消耗水中的溶解氧，使水体缺氧而导致水生生物死亡。工业废水中含有大量的氮、磷、钾等营养物，可促使藻类大量生长耗去水中溶解氧，造成水体富营养化污染。工业废水中悬浮物含量很高，可达3000mg/L，为生活污水的10倍。

④ 污染物排放后迁移变化规律差异大。工业废水中所含各种污染物的性质差别很大，有些还有较强毒性，较大的蓄积性及较高的稳定性。一旦排放，迁移变化规律很不相同，有的沉积水底，有的挥发转入大气，有的富集于生物体内，有的则分解转化为其他物质，甚至造成二次污染，使污染物具有更大的危险性。

⑤ 恢复比较困难。水体一旦受到污染，即使减少或停止污染物的排放，要恢复到原来状态也需要相当长的时间。

(3) 农业生产废水

农业生产废水包括农作物栽培、牲畜饲养、食品加工等过程排出的废水和液态废物。在农业生产方面，化肥、农药和农用薄膜等的广泛使用也对水环境、土壤环境等造成了严重的污染。

随着肉类制品（包括鸡、猪、牛、羊等）产量急剧增长，动物粪便大量排入饲养场附近水体，造成了水体污染。在杭州湾进行的一项研究发现，水体中化学耗氧量的88%来自农业，化肥和粪便中所含的大量营养物是对该水域自然生态平衡以及内陆地表水和地下水质量的最大威胁。

同时，农药、化肥的广泛使用，导致土壤板结、土质下降，土壤和肥料养分流失，从而造成对地表水、地下水的污染。2015年农业部的统计数据显示，我国农药年用量为80万～100万吨，其中使用在农作物、果树、花卉等方面的化学有毒农药占95%以上，这其中只有10%～20%的农药附着在农作物上，其余80%～90%进入土壤、水体和大气中，一部分在灌水和降水等淋溶作用下进入地下，污染地下水，另一部分则通过径流污染地表水。

此外，农用薄膜的使用量逐渐上升，实际回收率不可能达到100%，有相当一部分的薄膜散落在田间地头，大部分残留在土壤中，大约经过60年的时间才能全部降解，在降解过程中一些有害物质随土壤中地下水的渗透对水体造成一定的影响。

农业废水是造成水体污染的面源，它面广、分散、难以收集、难以治理。综合起来看，农业污染具有以下显著特点：

① 有机质、植物营养物质及病原微生物含量高。如中国农村牛圈所排废水生化需氧量可高达4300mg/L，是生活污水的几十倍。

② 含较高量的化肥、农药。施用农药、化肥的80%～90%均可进入水体，有机氯农药半衰期约为15年，所以参与了水循环形成全球性污染，在一般各类水体中均有其存在。

③ 排污分散。很多农村尚无排水系统，雨水和污水均沿道路边沟或路面排至就近水体。

有排水系统和管道的地区，除小部分经济条件较好的村镇实行雨污分流制系统外，大部分地区采用的是合流制排水系统。

④ 浓度变化不大。大部分农业污水的性质相差不大，一般 BOD_5≤250mg/L、COD_{Cr}≤500mg/L、pH 值为 6～8、SS≤500mg/L、色度≤100，基本上不含重金属和有毒有害物质，含一定量的氮和磷，水质波动不大，可生化性好。

二、水环境容量

水环境容量是指在不影响水的正常用途的情况下水体所能容纳的污染物的量或自身调节净化并保持生态平衡的能力。水环境容量是制定地方性、专业性水域排放标准的依据之一。只有弄清了污染物的水环境容量，才能使所制订的水环境规划真正体现出生态环境效益和经济效益，做到工业布局更加合理，污水处理设施的设计更加经济有效，对水环境的总体质量才能进行有效的控制。因此，一个地区的水环境容量大小也是该地区水资源是否丰富的重要标志之一。

如果水体实际承污量超过了它的环境容量，则水体会产生水污染或导致水资源经济效益的下降，影响水环境容量大小的因素主要有以下几个方面：

① 水环境质量标准。

② 水体自净能力。水体自净能力越大，相应的水环境容量也越大。

③ 水体的自然背景值，即天然情况下水体污染物浓度。自然背景值越高，环境容量越小，反之环境容量越大。

④ 排污点的位置和方式。若排污点分布均匀，则水环境容量相对大些；若排污点集中，则水体的环境容量相应减小。

⑤ 水量。水量的大小决定着环境容量的大小，影响到自然水体的自净能力。一般枯水期水环境容量相对小一些，丰水期水量充足则环境容量相对大一些。

三、水体自净

污染物排入江河或其他水域后，经过扩散、稀释、沉淀、氧化、受微生物的作用而分解等，使水体基本上或完全恢复到原来的状态，这个过程称为水体自净。水体的自净能力是有限的，如果排入水体的污染物数量超过某一界限，将造成水体的永久性污染，这一界限称为水体的自净容量或水环境容量。

1. 水体自净作用的方式

水体的自净作用按其发生机理可分为物理净化、化学净化和生物净化三类。

（1）物理净化

物理净化指污染物通过稀释、扩散、淋洗、挥发、沉降等作用降低浓度而减轻危害程度。污水或污染物排入水体后，可沉性固体逐渐沉至水底形成污泥，悬浮体、胶体和溶解性污染物则因混合稀释而逐渐降低浓度。污水稀释的程度用稀释比表示。对河流来说，即参与混合的河水流量与污水流量之比。污水排入河流须经相当长的距离才能达到完全混合，因此这一比值是变化的。达到完全混合的时间受许多因素的影响，主要有稀释比、河流水文条件、污水排放口的位置和型式。在湖泊、水库、海洋中，影响污水稀释的因素还要加上水流方向、风向、风力、水温和潮汐等。

(2) 化学净化

化学净化指有害污染物在地理环境中通过氧化和还原、化合和分解、吸附、凝聚、交换、络合等化学反应，转化为无害或危害程度减轻。化学净化过程中化学反应的产生和进行取决于污水和水体的具体状况。影响环境化学净化的环境因素主要有温度、酸碱度（pH）、氧化还原电位（E_h）等。温度升高可加速化学反应，所以温热环境的自净能力比寒冷环境强。在酸性环境中有害的金属离子活性强，利于迁移，对人体和生物界危害大；碱性环境中金属离子易形成氢氧化物沉淀而利于净化。

(3) 生物净化

生物净化指通过生物的吸收、降解作用使地理环境中有害物质含量降低和消失。生物净化能力的大小除取决于生物的种类外，还与环境的水热条件和供氧状况有关。在温暖、湿润、养料充足、供氧良好的环境中，植物吸收净化能力和好氧微生物的降解净化能力强。例如，在20～40℃、pH值为6～9、养料充分、空气充足的条件下，好氧微生物繁殖旺盛，能将水中各种有机物迅速地分解，氧化转化成CO_2、H_2O、硫酸盐、磷酸盐和硝酸盐等，使水体净化。

水体自净的三种机制往往是同时发生，并相互交织在一起。哪一方面起主导作用取决于污染物性质和水体的水文学和生物学特征。

水体污染恶化过程和水体自净过程是同时产生和存在的。但在某一水体的部分区域或一定的时间内，两种过程的主次地位在一定的条件下可相互转化，但总有一种过程是相对主要的、决定着水体污染总特征。如距污水排放口近的水域，往往总是表现为污染恶化过程，形成严重污染区。在下游水域，则以污染净化过程为主，形成轻度污染区，再向下游最后恢复到原来水体质量状态。所以，当污染物排入清洁水体之后，水体一般呈现三个不同水质区，即水质恶化区、水质恢复区和水质清洁区。

2. 水体自净过程的特征

水体自净过程的主要特征有：

① 污染物浓度逐渐下降；

② 一些有毒污染物可经各种物理、化学和生物作用，转变为低毒或无毒物质；

③ 重金属污染物以溶解态被吸附或转变为不溶性化合物，沉淀后进入底泥；

④ 部分复杂有机物被微生物利用和分解，变成二氧化碳和水；

⑤ 不稳定污染物转变成稳定的化合物；

⑥ 自净过程初期，水中溶解氧含量急剧下降，到达最低点后又缓慢上升，逐渐恢复至正常水平；

⑦ 随着自净过程及有毒物质浓度或数量的下降，生物种类和个体数量逐渐回升，最终趋于正常的生物分布。

3. 水体自净作用的场所

水体的自净作用按其发生场所可分为四类：

① 水中的自净作用　污染物质在天然水中的稀释、扩散、氧化、还原或生物化学分解等。

② 水与大气间的自净作用　天然水中某些有害气体的挥发释放和氧气溶入等。

③ 水与底质间的自净作用　天然水中悬浮物质的沉淀和污染物被底质吸附等。

④ 底质中的自净作用　底质中微生物的作用使底质中有机污染物发生分解等。

天然水体的自净作用包含着十分广泛的内容，它们同时存在、同时发生并相互影响。

四、水体受污染的过程

污染物进入水体后，发生两个相互关联的过程：一是水体污染的恶化过程，二是水体污染的净化过程。水体污染恶化过程包括以下几个过程。

1. 溶解氧下降过程

排入水体中的有机物，在好氧细菌的作用下，复杂的有机物被分解为简单的有机物直至转化为无机物，要消耗大量溶解氧，使水体中溶解氧下降，水质恶化。水体底部多为厌氧条件，底泥中的有机物在厌氧细菌的作用下产生出硫化氢、甲烷等还原性气体，使水质恶化。水体中溶解氧的下降，威胁水生生物的生存。

2. 水生生态平衡破坏过程

由于水体中溶解氧的下降，营养物质增多，使耐污、耐毒、喜肥的低等水生动物、植物大量繁殖，鱼类等高等水生生物迁移、死亡。当水体中溶解氧低于 3mg/L 时，就会引起鱼类窒息死亡。因此，渔业水体中溶解氧（DO）不得低于 3mg/L。如鲤鱼要求溶解氧为 6～8mg/L，青鱼、草鱼、鲢鱼等均要求溶解氧保持在 5mg/L 以上。

3. 低毒变高毒过程

由于水体中 pH 值、氧化还原、有机负荷等条件的改变多使低毒化合物转化为高毒化合物。如三价铬、五价砷、无机汞可转化为更毒的六价铬、三价砷、甲基汞。

4. 低浓度向高浓度转化过程

物理堆积和生物富集作用，使低浓度向高浓度转化。如重金属、难分解有机物、营养物向底泥的积累过程，使底泥的污染物浓度升高。生物的食物链作用，使污染物在鱼类或其他水生生物体里富集，造成污染物的高浓度。

五、污染物在水体中的迁移转化

污染物进入环境后，会发生迁移和转化，并通过这种迁移和转化与其他环境要素和物质发生化学的、物理的或物理化学的作用。

1. 污染物在水环境中的迁移方式

污染物迁移是指污染物在环境中发生空间位置和范围的变化，这种变化往往伴随着污染物在环境中浓度的变化。污染物迁移的方式主要有物理迁移、化学迁移和生物迁移。化学迁移一般都包含着物理迁移，而生物迁移又都包含着化学迁移和物理迁移。

① 物理迁移就是污染物在环境中的机械运动，如随水流、气流的运动和扩散，在重力作用下的沉降等。

② 化学迁移是指污染物经过化学过程发生的迁移，包括溶解、离解、氧化还原、水解、络合、螯合、化学沉淀、生物降解等。

③ 生物迁移是指污染物通过有机体的吸收、新陈代谢、生育、死亡等生理过程实现的迁移。有的污染物（如一些重金属元素、有机氯等稳定的有机化合物）一旦被生物吸收，就很难排出生物体外，这些物质就会在生物体内积累，并通过食物链进一步聚集，使得生物体中该污染物的含量达到物理环境的数百倍、数千倍甚至数百万倍，这种现象叫作富集。

2. 污染物在水环境中的转化方式

污染物的转化是指污染物在环境中经过物理、化学或生物的作用改变其存在形态或转变为另外的不同物质的过程。污染物的转化必然伴随着它的迁移。污染物的转化可分为物理转化、化学转化和生物化学转化。

① 物理转化包括污染物的相变、渗透、吸附、放射性衰变等。

② 化学转化则以光化学反应、氧化还原反应、水解反应和络合反应最为常见。

③ 生物化学转化就是代谢反应。

污染物的迁移转化受其本身的物理化学性质和它所处的环境条件的影响，其迁移的速率、范围和转化的快慢、产物以及迁移转化的主导形式等都会变化。

理论提升

一、天然水的组成

天然水中一般含有可溶性物质和悬浮物。可溶性物质成分非常复杂，主要是岩石风化过程中，经过化学迁移搬运到水中的地壳矿物质。天然水的组成包括悬浮物质、胶体物质、溶解性物质（气体、离子）、水生生物等。

1. 天然水中的主要离子组成

天然水中常见的八大离子有 K^+、Na^+、Ca^{2+}、Mg^{2+}、HCO_3^-、NO_3^-、Cl^-、SO_4^{2-}。常见的八大离子占天然水中离子总量的95%～99%。

水中这些主要离子的分类（表2-2），常用来作为表征水体主要化学特征性指标。

表 2-2 天然水中的主要离子

硬度	酸	碱金属	阳离子
Ca^{2+} Mg^{2+}	H^+	Na^+	
碱度		酸根	阴离子
HCO_3^- CO_3^{2-} OH^-		SO_4^{2-} Cl^- NO_3^-	

除上述的八大离子之外，天然水体中还有 H^+、OH^-、NH_4^+、HS^-、S^{2-}、NO_2^-、NO_3^-、HPO_4^-、PO_4^{3-}、Fe^{2+}、Fe^{3+} 等。

(1) 一般水体中的特征离子

海水中：一般 Na^+、Cl^- 占优势。

湖水中：Na^+、Cl^-、SO_4^{2-} 占优势。

地下水主要离子成分受地域变化影响很大，一般说地下水硬度高，就是其中 Ca^{2+}、Mg^{2+} 含量高，对于一些苦水或咸水地区，地下水中 Na^+、HCO_3^- 含量较高。

河水中所含有的部分 Na^+ 和大部分的 Ca^{2+} 主要分别来源于硅酸盐和碳酸盐的风化、溶解；水中所含有的 SO_4^{2-} 主要来自硫化物矿物和硫酸盐矿物（如石膏）的溶解。

(2) 水的矿化度

矿化过程：天然水中主要离子成分的形成过程，称为矿化过程。

矿化度：矿化过程中进入天然水体中的离子成分的总量，以溶解总固体（total dissolved solid，TDS）表示。

一般天然水中的 TDS 可以表示为：

$$TDS=[Ca^{2+}+Mg^{2+}+Na^{+}+K^{+}+Fe^{2+}+Al^{3+}]+[HCO_3^{-}+SO_4^{2-}+Cl^{-}+CO_3^{2-}+NO_3^{-}+PO_4^{3-}]$$

水的硬度和矿化度的区别：水的硬度是指水中含有的矿物质多少，水的矿化度是指水中所含盐类的数量。水的硬度是指除碱金属以外的全部金属离子浓度的总和，但硬度主要由钙、镁构成，所以水的硬度常指钙、镁离子浓度的总和。

通常把含有一定数量钙、镁、铁、铝、锰的碳酸盐、重碳酸盐、氯化物、硫酸盐及硝酸盐等杂质的水叫硬水。水的软硬程度是以“硬度”来衡量的。由于水中的各种盐类一般是以离子的形式存在，所以水的矿化度也可以表示为水中各种阳离子的量和阴离子的量的和。通常，近似地认为天然水中常见主要离子总量可以粗略地作为水的总含盐量（TDS）：

$$TDS\approx[Ca^{2+}+Mg^{2+}+Na^{+}+K^{+}]+[HCO_3^{-}+SO_4^{2-}+Cl^{-}]$$

水的矿化度通常以 1L 水中含有各种盐分的总克数来表示（g/L）。

2. 天然水中溶解的金属离子

水溶液中金属离子的表示式常写成 M^{n+}，其对应的简单水合金属阳离子 $M(H_2O)_x^{n+}$。它可通过化学反应达到最稳定的状态。酸-碱，沉淀、配合及氧化-还原等反应是它们在水中达到最稳定状态的过程。

水中可溶性金属离子可以多种形态存在。例如，铁可以 $Fe(OH)^{2+}$、$Fe(OH)_2^+$、$Fe_2(OH)_2^{4+}$、Fe^{3+} 等形态存在。这些形态在中性（pH=7）水体中的浓度可以通过平衡常数加以计算：

$$Fe^{3+}+H_2O = Fe(OH)^{2+}+H^+$$

$$[Fe(OH)^{2+}][H^+]/[Fe^{3+}]=8.9\times10^{-4}$$

$$[Fe(OH)_2^+][H^+]^2/[Fe^{3+}]=4.9\times10^{-7}$$

$$[Fe_2(OH)_2^{4+}][H^+]^2/[Fe^{3+}]^2=1.23\times10^{-3}$$

假如存在固体 $Fe(OH)_3(s)$，则：

$$Fe(OH)_3(s)+3H^+ = Fe^{3+}+3H_2O$$

$$[Fe^{3+}]/[H^+]^3=9.1\times10^{3}$$

在 pH=7 时：$[Fe^{3+}]=9.1\times10^{3}\times(1.0\times10^{-7})^{3}=9.1\times10^{-18}$ mol/L

将这个数值代入上面的方程式中，即可得出其他各形态的浓度：

$$[Fe(OH)^{2+}]=8.1\times10^{-14}\ \text{mol/L}$$

$$[Fe(OH)_2^{+}]=4.5\times10^{-10}\ \text{mol/L}$$

$$[Fe_2(OH)_2^{4+}]=1.02\times10^{-23}\ \text{mol/L}$$

虽然这种处理是简单化了，但很明显，在近于中性的天然水溶液中，水合铁离子的浓度可以忽略不计。

3. 天然水中溶解的重要气体

天然水中溶解的气体有氧气、二氧化碳、氮气、甲烷等。

海水表面以 CO_2、N_2、O_2 为特征，不流通的深海中 CO_2 过饱和，有时还有硫化氢。

气体溶解在水中，对于生物种类的生存是非常重要的。

例如，鱼生存需要溶解氧，一般要求水体溶解氧浓度不能低于 4mg/L。鱼类呼吸作用的结果是消耗溶解氧的同时又释放出二氧化碳；在被污染的水体，鱼类会死亡，不是由于污染物的直接毒害致死，而是由于在污染物的生物降解过程中大量消耗水体中的溶解氧，导致它们无法生存。

大气中的气体分子与溶液中同种气体分子间的平衡服从亨利定律，即一种气体在液体中的溶解度正比于液体所接触的该种气体的分压。

4. 天然水中的水生生物

水生生物可直接影响许多物质的浓度，其作用有代谢、摄取、转化、存储和释放等。

水生生态系统生存的生物体，可以分为自养生物和异养生物。自养生物利用太阳能或化学能量，把简单、无生命的无机物元素引进至复杂的生命分子中即组成生命体。异养生物利用自养生物产生的有机物作为能源及合成它自身生命的原始物质。

(1) 藻类

藻类是典型的自养水生生物，通常 CO_2、NO_3^- 和 PO_4^{3-} 多为自养生物的 C、N、P 源。利用太阳能把无机矿物合成有机物的生物体称为生产者。

我国南方几乎一年四季都可见到“水华”现象，这主要是富营养化形成的藻类引起的。形成水华的藻类主要有微囊藻、项圈藻。藻类是湖泊、水库等流动缓慢的水体中最常见的能够进行光合作用的浮游植物。

藻类尺寸大小差异显著，最大的可长达 60m，最小的只有几微米，富营养的水体中 1mL 水中的藻类细胞达到 10 万个以上。

水处理过程中由于藻类的大量繁殖，大大增加了污水处理的难度。因为藻类尺寸很小，能够穿透污水处理厂的过滤池，会导致处理后的水中有异味。

(2) 细菌等其他微生物

细菌的特点是形体十分微小，内部组织结构简单，大多是单细胞。水环境中主要微生物有原生动物、藻类、真菌、放线菌、细菌。细菌等微生物是关系到水环境自然净化和废水生物处理过程的重要的微生物群体，一般污水处理中，根据氧化过程需要氧量的不同，分为厌氧菌（油酸菌、甲烷菌）、好氧菌（乙酸菌、亚硝酸菌）、兼氧菌（乳酸菌）。

二、水体的富营养化

1. 水体富营养化概述

水体富营养化是指在人类活动的影响下，为生物所需的氮、磷等营养物质大量进入湖泊、河口、海湾等缓流水体，引起藻类及其他浮游生物迅速繁殖，水体溶解氧量下降，水质恶化，鱼类及其他生物大量死亡的现象。富营养化可分为天然富营养化和人为富营养化。在自然条件下，湖泊也会从贫营养状态过渡到富营养状态，沉积物不断增多，不过这种自然过程非常缓慢，常需几千年甚至上万年。而人为排放含营养物质的工业废水和生活污水所引起的水体富营养化现象，可以在短时期内出现。

水体出现富营养化现象时，浮游生物大量繁殖，水面往往呈现蓝色、红色、棕色、浮白色等，视占优势的浮游生物的颜色而异。这种现象在江河湖泊中称为“水华”，在海中则叫作“赤潮”。

富营养化的指标，从测定的项目上分，大致可分为物理、化学和生物学三种指标。这些指标是衡量富营养化的一个尺度，但富营养化现象是复杂的，必须把这些因子的复杂性交织在一起才能表示富营养化状态，目前判断水体富营养化一般采用的指标是：氮含量超过0.2～0.3mg/L，磷含量大于0.01～0.02mg/L，BOD大于10mg/L，pH值7～9的淡水中细菌总数超过10万个/mL，叶绿素a含量大于10μg/L。

2. 水体富营养化的形成

（1）引起富营养化的物质

引起富营养化的物质，主要是浮游生物增殖所必需的碳、氮、磷、硫、镁、钾等20多种元素，以及维生素、腐殖质等有机物。

① 营养盐类 对于生物的生长、繁殖，碳、氮、磷、硫、钙、镁、钾等是不可缺少的营养元素，而其中特别是以碳、氮、磷最为重要。碳来源于与大气的交流，比较恒定，变化不大，而氮、磷在水中的含量一般情况下比较少，成为水体营养状态的制约因子。氮以硝酸盐、亚硝酸盐、氨、尿素等形式存在于水中，作为氮源而被有效地利用，特别是硝酸盐，作为浮游生物的氮源是最好的。以无机物或有机物形式存在于水中的磷源都能被有效地利用，尤以无机物形式的磷源利用率更高，但有时以有机物形式存在的磷源也能显著地促进浮游生物的繁殖。

② 微量元素 如铁、锌、锰、铜、硼、钼、钴、碘、钒等是植物生长、繁殖不可缺少的元素，研究表明，在这些微量元素中，特别是铁和锰具有促进浮游生物繁殖的作用。一般情况下，铁多来自自然界的河流及底泥，在河水中的含量很高，锰主要来自电镀厂、冶炼厂、钢铁厂等工业废水。海水中铁、锰的溶解度很低，大部分与有机物生成螯合物而存在。

③ 维生素类 维生素对浮游生物的生长、繁殖起着重要的作用，其中维生素B_{12}是多数浮游生物生长和繁殖不可缺少的要素，是限制其繁殖和分布的重要生理生态要素。

④ 有机物 有机物具有与铁、锰等微量元素螯合及作为维生素补给源的作用，某些特殊的有机物对浮游生物的增殖有显著的促进作用，如据报道，酵母、谷氨酸等能使鞭毛藻类增殖5～40倍。

（2）水体富营养化的形成过程

藻类和一些光合细菌能利用无机盐类制造有机质，称为自养型生物。自然水体中的磷和氮（特别是磷）在一定程度上是浮游生物数量的控制因素。生活污水、化肥和食品等工业的废水以及农田排水中都含有大量氮、磷及其他无机盐类。纳入这些废水后，水体中营养物质增多，促使自养型生物——大型绿色植物和微型藻类旺盛生长。藻类主要分布于水体上层，随着水体富营养化的发展，藻类的个体数量迅速增加，而种类逐渐减少。

水体中本来以硅藻和绿藻为主，红色颤藻的出现是富营养化的征兆，随着富营养化的发展，最后变为以蓝藻为主。藻类繁殖迅速，生长周期短，有限的营养物质在短期内一再被重复利用，一遇适宜环境就暴发性地繁殖，以致出现“水华”现象。死亡的水生生物在微生物作用下分解，消耗氧；或在厌氧条件下分解，产生硫化氢臭气，使水质不断恶化。同时湖泊逐渐变浅，直到成为沼泽。

富营养化状态一旦形成，水体中营养素被水生生物吸收，成为其机体的组成部分。在水生生物死亡后的腐烂过程中，营养素又释放入水中，再次被生物利用，形成植物营养物质的循环。因此，富营养化的水体，即使切断外界营养物质的来源，也很难自净和恢复。

（3）水体富营养化的成因分析

① 水体中氮、磷的主要来源　进入水体的氮、磷营养物，来源是多方面的。据估计，全球河流溶解氮和磷年自然排放量（根据对未受污染河流的测量）分别为1500万吨和1000万吨。全球每年向河流的人为排放量估计为：溶解氮700万～3500万吨，溶解磷60万～375万吨。这些营养物中仅有约44万吨的氮和30万吨的磷进入深海的悬浮沉积物中。

a. 生活污水　生活污水中常含有一定数量的氮、磷等营养物，大部分是来自人类的排泄物和洗涤剂。

生活污水中的氮，主要来自人体食物中蛋白质代谢的废弃产物。新鲜生活污水中的有机氮约占60%，氨态氮约占40%，硝酸态氮仅微量，陈旧生活污水中有机氮转变成氨态氮而使其比例上升。

人体代谢废物中还含有磷，特别是20世纪50年代以来含磷合成洗涤剂的大量使用，使生活污水中的磷含量急剧上升。

b. 工业废水　工业废水也是水中氮、磷的重要来源，不少工厂在生产过程中会产生含氮、磷的废水。如焦化厂、化肥厂、石油化工厂、纺织印染厂、制药厂等废水中均含有大量氮，而食品加工、发酵、鱼品加工、化肥、洗涤剂生产、金属抛光等工厂的废水中含有大量的磷。

生活污水和工业废水经生化处理后，剩余的大部分氮、磷随出水排入河道，这是城市附近河道中氮、磷的主要来源。

c. 农业排水　农田中施用的氮、磷肥料，除一部分真正被农作物吸收利用外，其余的被土壤吸附、残留和溶于水中，相当部分通过雨水冲淋入江河湖泊。据统计，农田中施用的氮肥的30%、磷肥的5%因此流失。近年来，化肥的大量使用，以及可耕地土壤质量的降低，导致肥料成分容易流失，氮和磷大量进入水体。

d. 家畜排泄　大量饲养的家畜家禽，其废弃物和排泄物中含有大量氮、磷，如以单位个体计，牛排泄物的污染量约为人体排泄物污染量的4倍，随着雨水的冲刷，大量地进入水体。

e. 水产养殖　随着水产养殖业的发展，由于残饵、悬浮物以及鱼类的排泄物、粪便的污染，引起了养殖场和其周围水域的水质、底泥的环境恶化及水中氮、磷含量的增加。

f. 大气　来自大气的氮和磷，与人类活动有着密切的关系，通过雨水而进入水体。大气中的氮以硝酸盐态为主，其次为亚硝酸盐及氨态氮，磷酸盐也有一定的浓度。

g. 底泥　在底泥表层或其上面的新生沉积物中所含的氮、磷，直接或通过底泥粒子间的间隙水等，溶入水中，形成二次污染源。湖泊和海域底质中所含氮和磷的量，几乎没有什么差别，氮为 1000～10000μg/L，磷为每升数百至数千微克。

氮、磷的溶出，机理上有所不同，氮依靠细菌的作用，在间隙水中溶出，溶出的溶解态无机氮在底泥表面的水层中进行扩散，在贫氧水中，以氨态氮溶出为主，在富氧水中，则以硝酸态氮为主，其溶出速率以前者为快。底泥中的磷，主要是无机态的正磷酸盐占大部分，形成钙、铝、铁等不溶性盐类，在接近底泥表面的水中有充分的溶解氧时，正磷酸盐不溶出，反之，溶解氧不充分时，磷就溶出，底泥中磷酸盐的减少和磷的溶出量成比例。

② 氮、磷在水体中的存在形态

由于氮元素具有多变的价态，因此在天然水体中的存在形态与水体的电位 E 条件有关。

在天然水中主要无机氮化物有 NH_4^+、NO_2^- 和 NO_3^-，下面讨论中性天然水电位对它们互变的影响。

上述化合物在溶液中存在以下氧化还原平衡：

$$\frac{1}{6}NO_2^- + \frac{4}{3}H^+ + e \longrightarrow \frac{1}{6}NH_4^+ + \frac{1}{3}H_2O; \quad E^\ominus = 0.89V$$

$$\frac{1}{6}NO_3^- + \frac{1}{3}H^+ + \frac{1}{3}e \longrightarrow \frac{1}{6}NO_2^- + \frac{1}{6}H_2O; \quad E^\ominus = 0.84V$$

$$\frac{1}{8}NO_3^- + \frac{5}{4}H^+ + 2e \longrightarrow \frac{1}{8}NH_4^+ + \frac{3}{8}H_2O; \quad E^\ominus = 0.88V$$

从上述氧化还原平衡可以看出，中性天然水中铵盐是主要存在价态，无机氮的低价态的转化占优势；在高电位时，硝酸盐是主要存在价态，无机氮高价态的转化占优势；而在两者之间，已是还原环境，主要存在价态为亚硝酸盐，氮中间价态的转化占优势。

在天然水体的 E 条件下，磷元素一般不发生氧化还原变化，天然水体中的磷除了主要以无机磷酸盐存在外，还以种种有机磷的形式溶解于水中。浮游生物以磷酸盐的磷作为营养盐，除此之外，鞭毛藻类也有摄取有机态磷的。

浮游生物把可摄取的磷吸入体内，不断分裂、增殖，新产生的浮游生物依次被高一级的营养者所捕食，生物体内的磷进行了传递，新产生的各级营养者以分泌物、排泄物等形式释放出磷，死亡后产生遗骸和分解产物，在细菌分解它们的同时，磷又回复到水中及沉积物中。溶出磷的底泥，仅限于表面 1cm 左右极薄的一层，但由于底栖生物的活动以及外来的扰动，使原来沉积在底泥中的磷移动到底泥的表面，有可能溶解于底层水中，再参与水体中磷的循环。

3. 水体富营养化的评价和分级

(1) 水体富营养化的评价

湖泊富营养化评价，就是通过与湖泊营养状态有关的一系列指标及指标间的相互关系，对湖泊的营养状态作出准确的判断。目前我国湖泊富营养化评价的基本方法主要有营养状态指数法［卡尔森营养状态指数（*TSI*）、修正的营养状态指数、综合营养状态指数（*TLI*）］、营养度指数法和评分法。以综合营养状态指数（*TLI*）为例，其公式为：

$$TLI\left(\sum\right)=\sum_{j=1}^{m}w_j TLI(j)$$

式中，$TLI\left(\sum\right)$表示综合营养状态指数；$TLI(j)$ 代表第 j 种参数的营养状态指数；w_j 为第 j 种参数的营养状态指数的相关权重。

若以 chla（湖水中叶绿素 a 含量，mg/m^3）作为基准参数，则第 j 种参数的归一化的相关权重计算公式为：

$$w_j=\frac{r_{ij}^2}{\sum_{j=1}^{m}r_{ij}^2}$$

式中，r_{ij} 为第 j 种参数与基准参数 chla 的相关系数；i 为评价参数的个数。

根据金相灿等研究，中国湖泊部分参数与 chla 的关系如表 2-3 所示。

表 2-3 中国湖泊部分参数与 chla 的关系

参数	chla	TP	TN	SD	COD_{Mn}
r_{ij}	1	0.84	0.82	−0.83	0.83
r_{ij}^2	1	0.7056	0.6724	0.6889	0.6889

（2）水体富营养化的分级

根据水体营养物质的污染程度，通常分成贫营养、中营养和富营养三种水平。营养状态分级为了说明湖泊富营养状态情况，采用 0～100 的一系列连续数字对湖泊营养状态进行分级：$TLI\left(\sum\right)<30$ 贫营养；$30\leqslant TLI\left(\sum\right)\leqslant 50$ 中营养；$TLI\left(\sum\right)>50$ 富营养；$50<TLI\left(\sum\right)<60$ 轻度富营养；$60<TLI\left(\sum\right)\leqslant 70$ 中度富营养；$TLI\left(\sum\right)>70$ 重度富营养。

在同一营养状态下，指数值越高，其营养程度越重。

三、水体的重金属污染

重金属是指相对密度大于 5（也有人认为大于 4）的金属。如果是指相对密度在 5 以上的金属元素，约有 45 种，相对密度在 4 以上的，则有 60 余种。如铜、铅、锌、铁、钴、镍、钒、铌、钽、钛、锰、镉、汞、铬、钨、钼、金、银等。

一般这些重金属以天然浓度广泛存在于自然界中。但在人类生产与生活活动中，对重金属的开采、冶炼、加工及商品制造日益增多，并为人们广泛而大量地使用，由此不少重金属如铅、汞、镉、铬进入大气、水、土壤环境与生态系统，造成了明显的污染影响。重金属在环境或生物体中可以各种化学状态（离子、单质、化合物等）或化学形态（颗粒态、络合态、可溶态等）存在，不同的状态或形态其化学行为与生态效应有很大的差异。在不同 pH 值和不同氧化还原条件下，重金属元素的价态往往会发生变化，它们会发生一系列的化学反应，可以成为易溶于水的化合物，随水迁移；也可成为难溶的化合物在水中沉淀，进入底质；还容易被吸附于水体中悬浮物质或胶体上，在不同 pH 值条件时，随着胶体发生凝聚（进入底质中）或消散作用（存在于水中）。

重金属在水中迁移转化的主要方式有如下几种。

（1）吸附作用

天然水体中含有丰富的胶体颗粒物，这些胶体颗粒物有巨大的比表面，并且带有电荷，能强烈地吸附金属离子，水体中重金属大部分被吸附在水中的颗粒物上，并在颗粒物表面发生多种物理化学反应。

天然水体中的颗粒物一般可分为三大类，即无机粒子（包括石英、黏土矿物及 Fe、Al、Mn、Si 等水合氧化物）、有机粒子（包括天然的和人工合成的高分子有机物、蛋白质、腐殖质等）和无机-有机粒子的复合体。

① 黏土矿物（clay mineral）对重金属离子的吸附　黏土矿物对重金属的吸附目前已提出以下两种。一种认为重金属离子与黏土矿物颗粒表面的羟基氢发生离子交换而被吸附，可用下式示意：

$$\equiv AOH + Me^{+} \rightleftharpoons \equiv AOMe + H^{+}$$

另一种认为金属离子先水解，然后夺取黏土矿物微粒表面的羟基，形成羟基配合物而被微粒吸附。可示意如下：

$$Me^{2+} + nH_2O \rightleftharpoons Me(OH)_n^{(2-n)+} + nH^{+}$$

$$\equiv AOH + Me(OH)_n^{(2-n)+} \rightleftharpoons \equiv AMe(OH)_{n+1}^{(2-n)+}$$

② 水合氧化物对重金属污染物的吸附　水合氧化物对重金属污染物的吸附过程，一般认为是重金属离子在这些颗粒表面发生配位化合的过程，如下式表示：

$$n(\equiv AOH) + Me^{n+} \rightleftharpoons (\equiv AO)_n \longrightarrow Me + nH^{+}$$

③ 腐殖质对重金属污染物的吸附　主要是通过它对金属离子的螯合作用和离子交换作用来实现的，可用正反式表示：

$$R\begin{matrix}\diagup COOH \\ \diagdown OH\end{matrix} + Me^{2+} \rightleftharpoons \left[R\begin{matrix}\diagup COO^{-} \\ \diagdown O^{-}\end{matrix} \right] Me^{2+} + 2H^{+}$$

腐殖质对重金属离子的两种吸附作用的相对大小，与重金属离子的性质有密切关系，实验证明：腐殖质对锰离子的吸附以离子交换为主，对铜、镍离子以螯合作用为主，对锌、钴离子则可以同时发生明显的离子交换吸附和螯合吸附。

（2）配合作用

重金属离子可以与很多无机配位体、有机配位体发生配合或螯合反应。水体中主要的配体有羟基、氯离子、碳酸根离子、硫酸根离子、氟离子和磷酸根离子，以及带有羧基（—COOH）、氨基（$—NH_2$）、酚羟基（—OH）的有机化合物，配合作用对重金属在水中的迁移有重大影响。

① 水中羟基的配合作用　重金属离子的配合作用实际上是重金属离子的水解反应，重金属离子能在较低的 pH 时就发生水解。重金属离子的水解是分步进行的，或者说与羟基的配合是分级进行的，以二价重金属离子为例：

$$M^{2+} + OH^{-} \rightleftharpoons M(OH)^{+}$$

$$M(OH)^{+} + OH^{-} \rightleftharpoons M(OH)_2$$

$$M(OH)_2 + OH^{-} \rightleftharpoons M(OH)_3^{-}$$

$$M(OH)_3^{-} + OH^{-} \rightleftharpoons M(OH)_4^{2-}$$

羟基与重金属离子的配合作用可大大增加重金属氢氧化物的溶解度，对重金属的迁移能力有着不可忽视的影响。

② 氯离子的配合作用　天然水体中的 Cl^{-} 是常见阴离子之一，被认为是较稳定的配合剂，它与金属离子（以 M^{2+} 为例）能生成 MCl^{+}、MCl_2、MCl_3^{-} 形式的配合物。Cl^{-} 与金属离子配合的程度受多方面因素的影响，除与 Cl^{-} 的浓度有关外，还与金属离子的本性

有关。

Cl^-对重金属离子的配合作用可大大提高难溶金属化合物的溶解度，对 Zn、Cd、Pb 化合物来说，当 $[Cl^-]=1.0mol/L$ 时，溶解度增加 22～77 倍，特别对汞化合物影响更大，即使 Cl^- 浓度较低，如 $[Cl^-]=10^{-4}mol/L$ 时，氢氧化汞和硫化汞的溶解度也分别增加 45 倍和 405 倍。

③ 有机配体与重金属离子的配合作用　水环境中的有机物如洗涤剂、农药及各种表面活性剂都含有一些螯合本位体，它们能与重金属生成一系列稳定的可溶性或不溶性螯合物。其中最重要的有机螯合物是腐殖质。河水中均含腐殖质 10～50mg/L，起源于沼泽的河流中腐殖质含量可高达 200mg/L，底泥中的腐殖质含量更为丰富，约 1%～3%。

腐殖质中能起配合作用的基团主要是分子侧链上的多种含氧官能团如羧基、羟基、羰基等，当羧基的部位有酚羟基，或两个羧基相邻时，对螯合作用特别有利。腐殖质与金属离子的螯合反应示意如下：

$$R\langle^{COOH}_{OH} + M^{2} \rightleftharpoons R\langle^{COO}_{O}\rangle M + 2H^+$$

$$R\langle^{COOH}_{COOH} + M^{2} \rightleftharpoons R\langle^{COO}_{COO}\rangle M + 2H^+$$

还可能发生下列反应：

$$2R\langle^{COOH}_{COOH} + M^{2} \rightleftharpoons \left[R\langle^{COO}_{COO}\rangle M\langle^{OOC}_{OOC}\rangle R\right]^{2-} + 4H^+$$

$$2R\langle^{COOH}_{OH} + M^{2} \rightleftharpoons \left[R\langle^{COO}_{O}\rangle M\langle^{OOC}_{O}\rangle R\right]^{2-} + 4H^+$$

腐殖质与金属离子的螯合或配合作用，对金属离子的迁移转化有着重要的影响，其影响取决于所形成的螯合物或配合物是难溶的还是易溶的，当形成难溶的螯合物时，就会降低重金属离子的迁移性。

(3) 氧化还原作用

环境化学中常用水体电位（用 E 表示）来描述水环境的氧化还原性质，它直接影响金属的存在形式及迁移能力。如重金属 Cr 在电位较低的还原性水体中，可以形成 Cr(Ⅲ) 的沉淀，在电位较高的氧化性水体中，可能以 Cr(Ⅵ) 的溶解态形式存在。两种状态的迁移能力不同，毒性也不同。

重金属元素在水体中的氧化还原转化：

V、Cu、Fe、Mn 的主要高、低价态的电位一般在上述第一类和第二、三类天然水的电位之间。因而在水中会发生如下的氧化还原转化：

$$V(\text{II}) \underset{\text{第二、三类还原性水}}{\overset{\text{第一类氧化性水}}{\rightleftharpoons}} V(\text{V})$$

$$Cu(\text{I}) \underset{\text{第二、三类还原性水}}{\overset{\text{第一类氧化性水}}{\rightleftharpoons}} Cu(\text{II})$$

$$Fe(\text{II}) \underset{\text{第二、三类还原性水}}{\overset{\text{第一类氧化性水}}{\rightleftharpoons}} Fe(\text{III})$$

$$Mn(\text{II}) \underset{\text{第二、三类还原性水}}{\overset{\text{第一类氧化性水}}{\rightleftharpoons}} Mn(\text{IV})$$

由于 V(Ⅴ)、Cu(Ⅱ)、Fe(Ⅱ) 和 Mn(Ⅱ) 化合物的溶解度较大，所以 V(Ⅴ)、Cu(Ⅱ) 在氧化性水中，而 Fe(Ⅱ)、Mn(Ⅱ) 在还原性水中呈现较强的迁移能力。相反，V(Ⅱ)、Cu(Ⅰ) 在还原性水中，Fe(Ⅲ)、Mn(Ⅳ) 在氧化性水中的迁移能力就大大减弱，会较快地转入底泥。

一般来说，重金属元素在高电位水中，将从低价氧化成高价或较高价态，而在低电位水中将被还原成低价态或与水中存在的 H_2S 反应形成难溶硫化物，如 PbS、ZnS、CuS、CdS、HgS、NiS、CoS、Ag_2S 等。

水体中的氧化还原条件对重金属的形态及其迁移能力有着巨大的影响，一些元素如 Cr、V、S 等在氧化环境中形成易溶的化合物（铬酸盐、钒酸盐、硫酸盐），迁移能力较强。相反在还原环境中形成难溶的化合物而不易迁移。另一些元素（Fe、Mn 等）在氧化环境中形成溶解度很小的高价化合物，而很难迁移，而在还原环境中形成易迁移的低价化合物。若无硫化氢存在，它们具有很大的迁移能力，但若有硫化氢存在，则由于形成的金属硫化物是难溶的，使迁移能力大大降低。在含有硫化氢的还原环境中可形成各种硫化物（Fe、Zn、Cu、Cd、Hg 等的硫化物）沉淀，从而降低了这些金属的迁移能力。

（4）溶解沉淀作用

沉淀和溶解是水溶液中常见的化学平衡现象，金属离子在天然水中的沉淀-溶解平衡对重金属离子在水环境中的迁移和转化具有重要的作用。重金属化合物在水中的溶解度可直观地表示它在水环境中的迁移能力。溶解度大者迁移能力大，溶解度小者迁移能力小。而重金属化合物的溶解度与体系中阴离子的种类、浓度及 pH 有关。下面简要讨论重金属的氢氧化物、硫化物及碳酸盐的沉淀-溶解平衡对重金属迁移的影响。

① 氢氧化物 金属氢氧化物的溶解平衡可表示为：

$$Me(OH)_n \rightleftharpoons Me^{n+} + nOH^-$$

溶度积为

$$K_{sp} = [Me^{n+}][OH^-]^n$$

$$[Me^{n+}] = K_{sp}/[OH^-]^n = K_{sp}[H^+]^n/K_w^n \text{（}K_w\text{ 为水的溶度积）}$$

若溶解后的金属离子不再发生其他化学反应，则在金属氢氧化物的饱和溶液中，金属离子的最大浓度 $[Me^{n+}]$ 即为该金属氢氧化物的溶解度，它与水体的 pH 有关。将上式两边取负对数可得：

$$-\lg[Me^{n+}] = n\text{pH} + \text{p}K_{sp} - n\text{p}K_w$$

令 $\text{pM} = -\lg[Me^{n+}]$，则 $\text{pM} = n\text{pH} + \text{p}K_{sp} - n\text{p}K_w$

根据上式及氢氧化物的 K_{sp} 可以作出金属离子浓度的对数值与 pH 值的关系图，称为对数浓度图或简称 pM-pH 图（图 2-1）。

根据上式推导，所得结果为一条直线，直线的斜率 $= -n$，n 即为金属离子的价数，故同价金属离子的直线斜率相同，彼此平行；在给定 pH 值下，斜线与等 pH 线相交，交点在上方的斜线所代表的 $Me(OH)_n$ 的溶解度大于交点在下方的，即图中靠右侧斜线代表的 $Me(OH)_n$ 的溶解度大于靠左侧的。根据图 2-1 可以大致查出各种金属离子在不同 pH 值下所能存在的最大浓度，也即它们的溶解度。

在实际应用中，人们常常控制水体的 pH 值，使其中的重金属离子生成氢氧化物沉淀，以除去废水中的重金属。若要除去废水中两性金属离子，则必须严格控制其 pH 值。如在 $pH<5$ 时，Cr^{3+} 以水合络离子形式存在；$pH>9$ 时，则生成羟基络离子；只有在 pH 值为 8 时，Cr^{3+} 最大限度地生成 $Cr(OH)_3$，水中 Cr^{3+} 量最小。即去除污水中 Cr^{3+}，应控制 pH

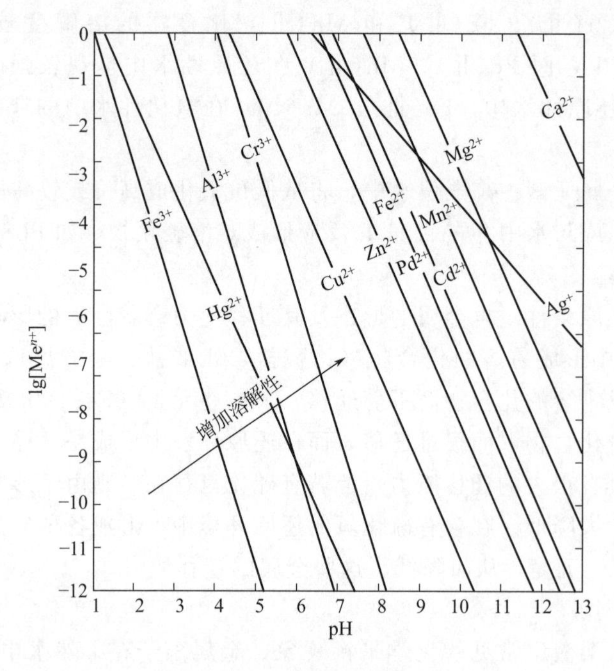

图 2-1 氢氧化物溶解度图

值为 8。一般来说，如果水体中没有其他配位体，大部分金属离子氢氧化物在 pH 值较高时，其溶解度较小，迁移能力较弱；若水体 pH 值较小，金属氢氧化物的溶解度升高，金属离子的迁移能力也就增大。

② 硫化物　在中性条件下大多数重金属硫化物不溶于水。当天然水体中存在硫化氢时，重金属离子等就可能形成金属硫化物。在硫化氢和金属硫化物均达到饱和的水中，同时存在着两种平衡：

$$H_2S \rightleftharpoons H^+ + HS^- \qquad K_1=[H^+][HS^-]/[H_2S]$$

$$HS^- \rightleftharpoons H^+ + S^{2-} \qquad K_2=[H^+][S^{2-}]/[HS^-]$$

$$Me^{2+} + S^{2-} \rightleftharpoons MeS(s) \qquad K_{sp}=[Me^{2+}][S^{2-}]$$

硫离子浓度可表示为：

$$[S^{2-}]=c_{Ts}\alpha_2$$

式中，c_{Ts}为水中溶解的总无机硫量，即：

$$c_{Ts}=[H_2S]+[HS^-]+[S^{2-}]$$

而 α_2 为 S^{2-} 在 c_{Ts}中所占的分数比例，它与水体 pH 值的关系为：

$$\alpha_2=\{1+[H^+]/K_2+[H^+]^2/(K_1K_2)\}^{-1}$$

所以$[Me^{2+}]=K_{sp}/[S^{2-}]=K_{sp}/(c_{Ts}\alpha_2)=(K_{sp}/c_{Ts})\{1+[H^+]/K_2+[H^+]^2/(K_1K_2)\}$

若知道水体中溶解的总无机硫量，根据上式可计算出不同 pH 值时金属离子的饱和浓度 $[Me^{2+}]$ 或溶解度。若水体中硫化氢处于饱和状态，c_{Ts} 值近似等于硫化氢浓度，即为 0.1mol/L，α_2 式中前两项同第三项相比甚小，可忽略不计，上式可简化为：

$$[Me^{2+}]=K_{sp}[H^+]^2/(0.1K_1K_2)$$

由于硫化物的溶解度甚小，当水中出现少量硫离子时，即可出现金属硫化物沉淀，使重金属离子的迁移能力大大降低。例如，当含有 10^{-10} mol/L 的硫离子时，水体中的 Cu^{2+}、Cd^{2+}、Pb^{2+} 的平衡浓度分别为 6×10^{-26} mol/L、8×10^{-17} mol/L 和 10^{-18} mol/L，说明这些离子完全被沉淀出来。其他金属离子如 Zn^{2+}、Ni^{2+}、Co^{2+}、Fe^{2+}、Hg^{2+} 等，在 $[S^{2-}]=10^{-10}mol/L$ 情况下，也完全可以从水中沉淀出来。可见硫离子对重金属在水体中的迁移有较大影响，在厌氧水体中的影响则更大。

③ 碳酸盐　HCO_3^- 是天然水体中主要阴离子之一，它能与金属离子形成碳酸盐沉淀，从而影响水中重金属离子的迁移。水中碳酸盐的溶解度，在很大程度上取决于其中二氧化碳的含量和水体 pH 值。水体中二氧化碳能促进碳酸盐的溶解：

$$MeCO_3(s)+CO_2+H_2O \longrightarrow Me^{2+}+2HCO_3^-$$

当上述反应达到平衡时，根据 $MeCO_3$ 的溶度积 K_{sp} 和碳酸一级、二级电离常数 K_1、K_2，可得到：

$$[Me^{2+}]=K_{sp}K_1[CO_2]/\{K_2[HCO_3^-]^2\}$$

若知道水体 pH 值及总无机碳量，可由上式算出碳酸盐的溶解度。例如，当水体中总无机碳浓度为 $10^{-3}mol/L$ 时，碳酸盐在 pH＝7～9 水体中的溶解度分别为 $3.7\times10^{-5}mol/L$ 和 $3.1\times10^{-7}mol/L$。可见水体 pH 升高，碳酸盐溶解度下降，金属离子的迁移能力也就减小。

除上述三种阴离子外，水体中 SO_4^{2-}、Cl^- 等阴离子也能与一些金属离子形成难溶化合物（如 AgCl、$PbSO_4$、Hg_2Cl_2 等），从而影响这些金属离子在水体中的迁移能力。

水体中重金属离子与相应的阴离子生成硫化物、碳酸盐等难溶化合物，大大限制了重金属污染物在水体中的扩散范围，使重金属主要富集于排污口附近的底泥中，降低了重金属离子在水中的迁移能力，在某种程度上可以对水质起到净化作用。例如，北高加索一家铅锌冶炼厂的含铅废水经化学处理后排入河水中，排污口附近水中铅的含量为 0.4～0.5mg/L，而在下游 500m 处铅的含量只有 3～4μg/L。其原因为：①含铅废水的稀释、扩散；②铅与水中的阴离子生成 $PbCO_3$、$PbSO_4$、$Pb(OH)_2$ 等难溶物；③悬浮物和底泥对铅有高度的吸附作用。所以自工厂排放出来的铅主要集中在排污口附近的底泥中，有可能成为次生污染源。

水体中重金属离子除了进行沉淀反应、氧化还原反应外，还可以与很多配体发生配合或螯合反应。

四、水体的有机物污染

1. 水体中主要的有机污染物

(1) 耗氧有机物

在自然环境中所有有机物被氧化的难易程度是不一样的，有些有机物易于氧化，有些不易氧化或极难氧化，许多有机物需要在强氧化剂作用下才能被氧化。耗氧有机物主要指水体中能被大气中氧分子或水中溶解氧所氧化的各种有机物质，主要包括动植物残体和生活污水及某些工业废水中的碳水化合物、脂肪、蛋白质等易分解的有机物。其氧化过程大多是在微生物作用下进行的，分解过程中要消耗水中的溶解氧，使水质恶化。由于其危害主要是通过耗氧过程来实现的，因此统称为耗氧有机物。

耗氧有机物本身多数为无毒或低毒，在水中氧供给充分的条件下，容易被氧化降解，最终产物是 CO_2、H_2O 等简单无机化合物，对水体水质不会产生危害。但当氧化降解过程中消耗的氧不能及时得到补充时，将导致水中的溶解氧迅速降低，同时这些有机物将进行厌氧分解，产生有机酸、醇、醛类物质及其他还原性产物，如 H_2S、CH_4 等，使水体缺氧、变黑发臭、水质恶化，导致水生生物缺氧窒息或中毒死亡，水的可利用性大大降低。

（2）有毒有机污染物

有毒有机污染物指本身具有生物毒性的各种有机化合物。有机化合物在工农业生产和日常生活中广泛应用，它们可通过多种途径进入水体，导致水体污染，直接危害水生生物，并通过食物链的传递和积累危害动物和人类健康。

有毒有机污染物主要包括挥发性卤代烃类、苯系物、氯代苯类、农药、多氯联苯（PCBs）、酚类、硝基苯类、苯胺类、多环芳香烃类（PAHs）、酞酸酯类、亚硝胺类、丙烯腈和其他各种人工合成的具累积性生物毒性的有机化合物，石油污染物亦可属此类。有毒有机污染物在水中可通过光解、水解、生物降解等途径分解。事实上，这些有机化合物在生物降解过程中，同样会消耗水中的溶解氧，但由于其在水中的含量一般较低，分解时消耗氧量与一般所指的耗氧有机物相比甚微，其污染危害主要通过在水生食物链中的传递和积累实现，因而将其单独作为一类（表 2-4）。

表 2-4 中国水体中优先控制污染物“黑名单”

类别	种类
挥发性卤代烃	二氯甲烷(C)、三氯甲烷(C)、四氯化碳(C)、1,2-二氯乙烷(C)、1,1,1-三氯乙烷(T)、1,1,2-三氯乙烷(C)、1,1,2,2-四氯乙烷(C)、三氯乙烯(C)、四氯乙烯、三溴甲烷(C)
苯系物	苯(C)、甲苯(T)、乙苯(T)、邻二甲苯、间二甲苯、对二甲苯
氯代苯类	氯苯(T/C)、邻二氯苯(T)、对二氯苯(T)、六氯苯(C)
酚类	苯酚(C/T)、间甲酚(O)、2,4-二氯酚(C/T)、2,4,6-三氯酚(C/O)、五氯酚(C/O)、对硝基酚
硝基苯类	硝基苯(T/O)、对硝基苯、2,4-二硝基苯(C)、三硝基苯、对三硝基苯、三硝基甲苯
苯胺类	苯胺、二硝基苯胺、对硝基苯胺、二氯硝基苯胺
多环芳烃类	萘、萤蒽(T)、苯并[*b*]萤蒽、苯并[*k*]萤蒽、苯并[*a*]芘(C)、茚并[1,2,3-*c*,*d*]芘、苯并[*g*,*h*,*i*]芘(C)
邻苯二甲酸酯类	邻苯二甲酸二甲酯、邻苯二甲酸二丁酯、邻苯二甲酸二辛酯
农药	六六六(C)、敌敌畏(T)、乐果(T)、对硫磷(T)、甲基对硫磷(T)、除草醚(T)、敌百虫(T)
丙烯腈	丙烯腈(C)

有毒有机污染物在水体中虽然含量甚微，但生态毒理学研究的结果证明，它们中有些极难被生物分解，对化学氧化和吸附也有排斥作用，在急性及慢性毒性实验中往往并不表现出毒性效应，但却可以在水生生物、农作物和其他生物体中迁移、转化和富集，并具有三致（致癌、致畸、致突变）作用。在长周期、低剂量条件下，往往可以对生态环境和人体健康造成严重的、甚至是不可逆的影响。随着人类社会物质文明的不断发展，全球水体中有毒有机物的污染呈加重势态，特别是一些难降解的有毒有机污染物，如持久性有机污染物（POPs）引起的水环境问题日益突出。对水体中有毒有机污染物的环境化学行为（赋存状态、迁移、转化和生物累积等）的研究越来越受到人们的广泛关注，正成为环境化学、水污染控制和水处理工程领域的研究焦点之一。

2. 水中有机物的表征

（1）化学需氧量

化学需氧量是指水体中能被氧化的物质在规定的条件下进行化学氧化时所消耗氧化剂的量。以每升水样消耗氧的毫克数表示。常以“COD”表示。水中各种有机物进行化学氧化的难易程度不同，因此，该量只表示在规定条件下水中可被氧化物质的需氧量的总和，反映水体受有机物污染的程度。常用的测定方法有高锰酸钾法（COD_{Mn}）和重铬酸钾法

(COD_{Cr})。后者的氧化程度比前者高，用于污染严重的水和工业废水的水样测定。同一水样用上述两种方法测定的结果不同，故在报告化学需氧量的测定结果时要注明测定方法。我国新的环境水质标准中，已把高锰酸钾法测得的值改称为高锰酸盐指数，而仅将酸性重铬酸钾法测得的值称为化学需氧量。国际标准化组织（ISO）建议高锰酸钾法仅限于测定地表水、饮用水和生活污水，不适用于工业废水。

重铬酸钾法的方法原理为：在水样中加入已知量的重铬酸钾溶液，并在强酸介质下以银盐作催化剂，经沸腾回流后，以试亚铁灵为指示剂，用硫酸亚铁铵滴定水样中未被还原的重铬酸钾，由消耗的硫酸亚铁铵的量换算成消耗氧的质量浓度。酸性重铬酸钾氧化性很强，可氧化大部分有机物，加入硫酸银作催化剂时，直链脂肪族化合物可完全被氧化，而芳香族有机物却不易被氧化，吡啶不被氧化，挥发性直链脂肪族化合物、苯等有机物存在于蒸气相，不能与氧化剂液体接触，氧化不明显。氯离子能被重铬酸盐氧化，并且能与硫酸银作用产生沉淀，影响监测结果，故在回流前向水中加入硫酸汞，使其成为络合物以消除干扰。氯离子含量高于 1000mg/L 的样品应先做定量稀释，使含量降低至 1000mg/L 以下，再进行监测。

（2）生化需氧量

生化需氧量是指在有氧的条件下，水中可分解的有机物由于好氧微生物（主要是好氧细菌）的作用被氧化分解而无机化，这个过程所需要的氧量。结果以氧的 mg/L 表示。显然，在生物化学需氧量所表示的有机物中，不包括不可分解的有机物（或称难生物降解有机物）。因此它并不是水中有机物质的全部，而只是其中的一部分。尽管如此，生物化学需氧量仍然是环境工程中最广泛采用的有机物综合性指标之一，因为它的测定方法能尽可能地在和天然条件相似的情况下确定微生物利用废水中的有机物质时所消耗的氧量。有机物质生物氧化过程的速率与温度密切相关，而且这种生物氧化是一个缓慢的过程，需要很长时间才能终结。因此，在一般情况下，各国都规定统一采用 5d、20℃ 作为生化需氧量测定的标准条件，以便做比较，这样测得的生化需氧量记作 BOD_5（20℃），或只写 BOD_5 或 BOD。

生化需氧量的标准测定方法是标准稀释法，它是将水样（或经稀释的水样）注入并充满若干个有水封的具塞玻璃瓶中，先测出其中一瓶水样当天的溶解氧量，并将其余各瓶放在 (20±1)℃ 的培养箱内培养 5d 后再测其溶解氧量。培养前后溶解氧量的差值即为此水样的 BOD_5。某些工业废水中缺乏必要的微生物，在测定其生化需氧量时还要做微生物的接种。近年来也有一些生化需氧量的测定仪器可供使用。这类仪器的测定原理和方法各不相同，常见的有减压式库仑法、压力传感器法、微生物传感器法等，其所得结果也会与标准稀释法不尽相同，应予注明。化学需氧量（COD）和生化需氧量（BOD_5）都是用定量的数值来间接地、相对地表示水中有机物质数量的重要水质指标。如果同一废水中各种有机物质的相对组成没有变化，则这两者之间的相应关系应是 $COD > BOD_5$。

（3）总有机碳

总有机碳简称 TOC，是以碳的含量表示水体中有机物质总量的综合指标。由于 TOC 的测定采用燃烧法，因此能将有机物全部氧化，它比 COD 更能反映有机物的总量。

目前广泛应用的测定 TOC 的方法是燃烧氧化非色散红外吸收法。其测定原理是：将一定量水样注入高温炉内的石英管中，在 900～950℃ 温度下，以铂和三氧化钴或三氧化二铬为催化剂，使有机物燃烧裂解转化为二氧化碳，然后用红外线气体分析仪测定 CO_2 含量，从而确定水样中碳的含量。因为在高温下，水样中的碳酸盐也分解产生二氧化碳，故上面测得的为水样中的总碳（TC）。为获得总有机碳含量，可采用两种方法：一种方法是将水样预先酸化，通入氮气曝气，去除各种碳酸盐分解生成的二氧化碳后再注入仪器测定；另一种方法是使用高温炉和低温炉皆有的TOC测定仪。将同一水样等量分别注入高温炉（900℃）和低温炉（150℃），则高温炉水样中的有机碳和无机碳均转化为CO_2，而低温炉的石英管中装有磷酸浸渍的玻璃棉，能使无机碳酸盐在150℃分解为CO_2，有机物却不能被分解氧化。将高、低温炉中生成的二氧化碳依次导入非色散红外检测器，从而分别测得水中的总碳（TC）和无机碳（IC）。总碳与无机碳的差值，即为总有机碳（TOC）。

（4）总需氧量

总需氧量亦称“总耗氧量”，简称“TOD”，是指水中有机物所含有的碳、氢、氮及硫等元素全部被氧化时所需氧的量。TOD包括全部稳定的和不稳定的污染物质的需氧量，其数值较BOD_5高。TOD与BOD_5有相关关系，可用TOD推算BOD_5。TOD的测定方法是在含有一定比例氧气的氮气载体中，注入一定量的水样，通入以铂钢为催化剂的燃烧管中，在900℃下进行燃烧，水样中的有机物因燃烧而消耗载气中的一部分氧气，剩余的氧气量用燃料电池或氧电极测定。以载气中原有的氧气量减去水样燃烧后剩余的氧气量，即得水样的总需氧量。TOD的测定方法快，并能自动连续测定，便于对环境中有机污染物的监测和控制。总有机碳（TOC）和总需氧量（TOD）都是化学燃烧氧化反应，它们的耗氧过程与生化需氧量（BOD_5）的耗氧过程不同，而且由于各种水中有机质的成分不同，生化过程差别也较大，所以各种水质之间，TOC或TOD与BOD_5不存在固定的相关关系。在水质条件基本相同的条件下，BOD_5与TOC或TOD之间存在一定的相关关系。目前，很多国家正在研究各种水质的TOC或TOD与BOD_5之间的关系。

如日本多摩川河水中BOD_5、TOC、TOD之间有如下关系式：

$$BOD_5 = 1.72TOC - 1.9$$

$$TOD = 1.34BOD_5 + 4.7$$

知识自测

1. 天然水的组成是什么？
2. 什么是水体的富营养化？从化学的角度分析怎样可以解决水体的富营养化问题？
3. 什么是重金属？重金属主要通过哪些途径污染水体？
4. 简述什么是持续性有机污染物。
5. 水体中常见的耗氧有机物有哪些？

技能训练

天然水的主要离子组成

一、实验目的

（1）掌握使用火焰原子吸收分光光度法和离子色谱法分别测定天然水中主要的阳离子和阴离子的方法。

（2）了解天然水的主要离子构成。

二、实验原理

火焰原子吸收分光光度法是根据某元素的基态原子对该元素的特征谱线产生选择性吸收来进行测定的分析方法。将试样喷入火焰，被测元素的化合物在火焰中离解形成原子蒸气，由锐线光源（空心阴极灯或无极放电灯等）发射的某元素的特征谱线光辐射通过原子蒸气层时，该元素的基态原子对特征谱线产生选择性吸收。在一定条件下，特征谱线强度与被测元素的浓度成正比。通过测量基态原子对选定吸收线的吸光度，确定试样中该元素的浓度。

原子吸收分光光度法具有较高的灵敏度。每种元素都有自己为数不多的特征吸收谱线，不同元素的测定采用相应的元素灯，因此，谱线干扰在原子吸收分光光度法中是少见的。影响原子吸收分光光度法准确度的主要是基体的化学干扰。由于试样和标准溶液基体不一致，试样中存在的某些基体常常影响被测元素的原子化效率，如在火焰中形成难以离解的化合物或使离解生成的原子很快重新形成在该火焰温度下不再离解的化合物，这时就发生干扰作用。本实验中用火焰原子吸收分光光度法分别测定水样中的主要阳离子成分，方法的参考检测限为 Ca^{2+} 0.4mg/L、Mg^{2+} 0.02mg/L、Na^{+} 0.002mg/L、K^{+} 0.1mg/L。

离子色谱可看作是液相色谱的一种，常见的离子色谱法是以低交换容量的离子交换树脂为固定相对离子性物质进行分离，用电导检测器连续检测流出物的电导变化进行定性和定量分析的一种色谱方法。离子色谱中最常见的是离子交换色谱法。离子交换色谱法是基于流动相中溶质离子（样品离子）和固定相表面离子交换基团之间的离子交换过程的色谱方法。分离机理主要是电场作用，其次是非离子性的吸附过程。其固定相主要是以聚苯乙烯和多孔硅胶做基质（载体），在其表面导入了带有离子交换功能基的离子交换剂，可以用于无机和有机离子的分离。离子色谱法是进行离子测定，特别是阴离子测定的一种非常有效的方法，具有灵敏度高，选择性好，快速简便，稳定性高，能同时进行多种离子的分离测定，甚至还可以测定一些非离子等优点，因而得到了越来越广泛的应用。

本实验利用离子色谱法连续对多种阴离子进行定性和定量分析。水样中注入碳酸盐-碳酸氢盐溶液并流经离子交换树脂，基于待测阴离子对低容量强碱性阴离子树脂（分离柱）的相对亲和力不同而彼此分开，被分离的阴离子在流经强酸性阳离子树脂（抑制柱）时被转换为高电导的酸型，碳酸盐-碳酸氢盐则转变成弱电导的碳酸（清除背景电导）。用电导检测器测量被转变为相应酸型的阴离子，与标准进行比较，根据保留时间定性，根据峰高或峰面积定量。方法的参考检测限为 Cl^{-} 0.0001mg/L、SO_4^{2-} 0.01mg/L、NO_3^{-} 0.002mg/L。

三、仪器与试剂

1. 仪器

① 原子吸收分光光度计：配火焰原子化器及钙、镁、钠和钾的空心阴极灯。

② 0.45μm 有机微孔滤膜及其过滤器。

③ 离子色谱仪：配电导检测器，色谱柱为阴离子分离柱和阴离子保护柱，带微膜抑制器或抑制柱（非抑制型离子色谱不需要抑制器或抑制柱，请参考仪器使用说明），以及记录仪和积分仪（或计算机数据处理系统）。

④ 预处理柱：预处理柱管内径为 6mm，长 90mm，上层填充吸附树脂（约 30mm 高），下层填充阳离子交换树脂（约 50mm 高）。

⑤ 实验所用所有玻璃器皿均需经 1∶5 硝酸溶液浸泡过夜，然后用去离子水冲洗干净。

2. 试剂

本实验所需全部试剂均用去离子水配制。去离子水是用蒸馏水或电渗析水依次通过阴离子交换柱、阳离子交换柱、阴-阳混合离子交换柱制得。电导率为 0.05～0.1mS/cm。

① 硝酸：优级纯。

② 1∶1（体积比）硝酸溶液。

③ 钙标准储备液：1000mg/L。准确称取 105～110℃烘干过的碳酸钙（$CaCO_3$，优级纯）2.4973g 于 100mL 烧杯中，加入 20mL 水，小心滴加硝酸溶液至溶解，再多加 10mL 硝酸溶液加热煮沸，冷却后用水定容至 1000mL。

④ 镁标准储备液：100mg/L。准确称取 800℃灼烧至恒重的氧化镁（MgO，光谱纯）0.1658g 于 100mL 烧杯中，加入 20mL 水，滴加硝酸溶液至完全溶解，再多加 10mL 硝酸溶液加热煮沸，冷却后用水定容至 1000mL。

⑤ 钾标准储备液：1000mg/L。称取在 150℃烘干 2h 的基准氯化钾（优级纯）0.9534g，以去离子水或重蒸馏水溶解，加入 1∶1 硝酸溶液 2mL，用去离子水或重蒸馏水于容量瓶中稀释至 500mL，摇匀。

⑥ 钠标准储备液：1000mg/L。称取在 150℃烘干 2h 的基准氯化钠（优级纯）1.2711g，以下操作同钾标准储备液配制。

⑦ 消电离剂：1%硝酸铯（$CsNO_3$）水溶液。称取 1g 分析纯硝酸铯，溶解，定容于 100mL 容量瓶中。

⑧ 镧溶液：0.1g/mL。称取氧化镧（La_2O_3）23.5g，用少量 1∶1 硝酸溶液溶解，蒸至近干，加 10mL 硝酸溶液及适量水，微热溶解，冷却后用水定容至 200mL。

⑨ 离子色谱淋洗储备液：分别称取 19.078g 碳酸钠和 14.282g 碳酸氢钠（均已在 105℃烘干 2h，干燥器中放冷），溶解于水中，移入 1000mL 容量瓶中，用水稀释到标线，摇匀。储存于聚乙烯瓶中，在冰箱中保存。此溶液碳酸钠浓度为 0.18mol/L，碳酸氢钠浓度为 0.17mol/L。

⑩ 离子色谱淋洗使用液：取 10mL 淋洗储备液置于 1000mL 容量瓶中，用水稀释到标线，摇匀。此溶液碳酸钠浓度为 0.0018mol/L，碳酸氢钠浓度为 0.0017mol/L。

⑪ 离子色谱再生液：0.025mol/L 硫酸溶液。取 1.39mL 浓硫酸稀释至 1L。

⑫ 氯离子标准储备液：1000.0mg/L。称取 1.6485g 氯化钠（105℃烘干 2h）溶于水，移入 1000mL 容量瓶中，加入 10.00mL 淋洗储备液，用水稀释到标线。储存于聚乙烯瓶中，置于冰箱中冷藏。

⑬ 硝酸根标准储备液：1000.0mg/L。称取 1.3708g 硝酸钠（105℃烘干 2h）溶于水，移入 1000mL 容量瓶中，加入 10.00mL 淋洗储备液，用水稀释到标线。储存于聚乙烯瓶中，置于冰箱中冷藏。

⑭ 硫酸根标准储备液：1000.0mg/L。称取 1.8142g 硫酸钾（105℃烘干 2h）溶于水，移入 1000mL 容量瓶中，加入 10.00mL 淋洗储备液，用水稀释到标线。储存于聚乙烯瓶中，置于冰箱中冷藏。

⑮ 阴离子混合标准使用液Ⅰ：分别从 3 种阴离子标准储备液（⑫～⑭）中吸取 10.00mL、40.00mL、50.00mL 于 1000mL 容量瓶中，加入 10.00mL 淋洗储备液，用水稀

释到标线。此混合溶液中氯离子、硝酸根、硫酸根的质量浓度分别为：10.0mg/L、40.0mg/L、50.0mg/L。

⑯ 阴离子混合标准使用液Ⅱ：吸取20.00mL混合标准使用液Ⅰ于100mL容量瓶中，加入1.00mL淋洗储备液，用水稀释到标线。此混合溶液中氯离子、硝酸根、硫酸根的质量浓度分别为：2.0mg/L、8.0mg/L、10.0mg/L。

四、实验步骤

1. 样品采集

从附近的湖泊或河流采集水样，水样采集后用0.45μm有机微孔滤膜过滤。用于阴离子分析的水样放在硬质玻璃瓶或聚乙烯瓶中保存，并尽快测定，否则在4℃下保存；用于阳离子测定的水样用聚乙烯瓶保存，并用优级纯硝酸调节pH至小于2。

2. 阳离子分析

（1）调节仪器（请参照仪器使用手册进行，以下步骤仅供参考）

① 把空心阴极灯装在灯架上。转动波长鼓轮，选择需要的波长。按说明书选好狭缝位置。

② 接通仪器电源，把灯电流调到规定值。

③ 预热仪器，直到空心阴极灯发射稳定，一般需要10～30min。仪器预热后，如有必要，可重调灯电流。

④ 调节灯的位置，使光强指示偏转最大。转动波长鼓轮，调到选用吸收线的准确位置，这时光强指示偏转最大。

⑤ 启动空气气源，调节压力和流量达到规定值。

⑥ 打开乙炔气源，调节压力和流量达到规定值。然后点燃火焰并立即用去离子水喷雾。

⑦ 用0.2%硝酸溶液调节试样提升量，提升量一般在3～7mL/min，然后将仪器调零。

⑧ 用一定浓度的标准溶液标定仪器，使仪器处于所需要的工作状态。

（2）标准曲线的绘制

在50mL容量瓶中，参照下列标准系列浓度加入相应量的标准储备液（可根据所用仪器的线性范围和检出限适当调整）和1∶1的硝酸溶液2mL，同时在钙、镁标准系列的溶液中加入1mL 0.1g/mL镧溶液消除干扰，在钾、钠标准系列的溶液中加入3mL消电离剂消除钾、钠在高温火焰中的电离干扰，加水至标线，摇匀。分别用火焰原子吸收分光光度计在相应的最佳测试条件下测定，记录吸光度，建立工作曲线。

参考标准系列：

Ca^{2+}：1mg/L，5mg/L，10mg/L，15mg/L，20mg/L，25mg/L，50mg/L。

Mg^{2+}：0.05mg/L，0.1mg/L，0.2mg/L，0.5mg/L，1mg/L，1.5mg/L，2mg/L。

Na^{+}：0.2mg/L，0.5mg/L，1mg/L，3mg/L，5mg/L，10mg/L。

K^{+}：0.5mg/L，1mg/L，2mg/L，3mg/L，4mg/L，5mg/L。

（3）样品测定

① 钙和镁的测定：准确吸取适量经过预处理的试样（含钙不超过250μg，镁不超过

25μg）于 50mL 容量瓶中，加入 1∶1 的硝酸溶液 2mL、1mL 镧溶液，加水定容至标线，摇匀。与标准系列同时测定各试液中各种金属元素的吸光度。

② 钾和钠的测定：另取适量经过预处理的试样（钾不超过 200μg，钠不超过 100μg），于 50mL 容量瓶中，加入 1∶1 的硝酸溶液 2mL、消电离剂 3mL，加水定容至标线，摇匀。以下测定方法同钙、镁的测定。

用 50mL 实验用水取代试样，用与试样完全相同的方法测定，作为空白实验。

3. 阴离子分析

① 打开离子色谱仪，检查并调试仪器。色谱参考条件：淋洗液流速 1.0～2.0mL/min；根据淋洗液流速确定再生液流速，使背景电导达到最小值；电导检测器，根据样品浓度选择量程；进样量：25μL。

② 标准曲线的绘制。根据样品浓度选择混合标准使用液Ⅰ或Ⅱ，配制 5 个浓度水平的混合标准溶液。各标准溶液均需用 0.45μm 微孔滤膜过滤并注入离子色谱仪中两次，取两次峰高或峰面积的平均值。以峰高或锋面积为纵坐标，离子质量浓度（mg/L）为横坐标，绘制标准曲线。

③ 样品测定。在与标准曲线绘制相同的色谱条件下进行样品的分析（可根据仪器检出限适当稀释样品）。每个样品注入两次，记录保留时间和峰高或峰面积。以保留时间确定离子种类，由峰高或峰面积计算相应离子浓度。对于高灵敏度色谱仪一般选用稀释样品进行测定，未知样品可以先稀释再进样测定，然后根据测定结果选择适合的稀释倍数。

以实验用水代替水样，经 0.45μm 微孔滤膜过滤后同样进行色谱分析，做空白测定。

五、数据处理与分析

① 对于阳离子，根据试样吸光度，经空白校正后，从原子吸收标准曲线上求出各离子浓度，再根据稀释倍数计算原水样中离子的浓度。

② 对于阴离子，根据离子色谱峰高或峰面积，经空白校正后，从离子色谱标准曲线上求出各离子浓度，再根据稀释倍数计算原水样中离子的浓度。

③ 将水样中的各种阴阳离子分别换算成物质的量浓度，比较实验所测水样中各离子含量多少。根据各种离子所带电荷数，分析水中阴阳离子是否达到平衡。

六、注意事项

① 使用的淋洗液和样品溶液预先进行超声波脱气处理，避免系统中出现气泡。

② 注意容器的清洁，防止引入污染，干扰测定，如操作人员手上的汗液可干扰 Cl^- 的测定。

七、思考题

① 思考天然水中主要阴阳离子的来源。除了实验中涉及的离子，水中可能还有哪些离子？

② 在进行原子吸收测定时常见的干扰因素有哪些？怎样消除？

延伸阅读

铅、镉、汞、铬、砷在水中的迁移转化解析

1. 铅

Pb有0、+2、+4三种不同的价态，但在大多数天然水体中，Pb常以+2价的价态出现，水体的氧化还原条件一般不影响Pb的价态。

铅在天然水体中的含量和形态明显地受CO_3^{2-}、SO_4^{2-}和OH^-等含量的影响。在天然水体中，铅化合物和上述离子存在着沉淀-溶解平衡和配合平衡。

pH<7时，Pb主要以+2价的形态存在，在中性和弱碱性水体中，Pb^{2+}受氢氧化物限制。在酸性条件下，Pb^{2+}受硫酸盐限制。Pb^{2+}在淡水中主要的存在形式为$PbOH^+$、Pb_2OH^{3+}、$Pb(OH)_4^{2-}$等，在海水中主要以Pb^{2+}、$PbCl^+$和$PbSO_4$的形式存在。

Pb同有机物，特别是腐殖质有很强的配合能力。天然水体中Pb^{2+}含量很低，除Pb的化合物溶解度很低外，还由于水中悬浮物对Pb的强烈的吸附作用，特别是铁和锰的氢氧化物的存在，与铅的吸附有着显著的相关性。工业排放的Pb大量聚集在排污口附近的底泥及悬浮物中，而Pb在水体中迁移的形式主要是随悬浮物被水流搬运迁移。

2. 镉

Cd是严重污染元素之一。Cd污染主要来自采矿、金属冶炼、废物焚化处理、电镀及其他工业部门。汽油中含Cd约0.01～0.08μg/L，所以汽车废气也会有少量Cd排放。Cd不仅存在于锌矿中，也存在于铜矿、铅矿和其他含有锌的矿石中。在矿石冶炼过程中，Cd主要通过挥发作用和冲刷溶解作用而释放进入环境。

天然水体中的Cd主要存在于底泥和悬浮物中，溶解性Cd的含量很低。未受污染的水体，Cd的浓度低于1μg/L。对一个排放含Cd废水的工厂下游约500m处进行测定的结果显示，水中Cd含量是4mg/L，而底泥中Cd含量达800mg/L。

Cd进入水体之后的迁移转化行为主要取决于水中胶体、悬浮物等颗粒物对Cd的吸附。底泥对Cd的浓集系数在5000～50000（浓集系数指吸附达平衡后，吸附剂上Cd的浓度与尚存在于溶液中的Cd的浓度的比值）。其中，腐殖质对Cd的浓集系数远大于二氧化硅和高岭石对Cd的浓集系数，是河水中Cd离子的主要吸附剂。

3. 汞

汞污染主要来自工业排放，据统计，碱工业耗汞量占总耗汞量的1/4以上，仪器仪表、电器设备、催化剂、化工、造纸等工业排放的废水废气中含有大量汞，此外，金属冶炼、燃料燃烧每年也排放大量汞。

随废水进入水体的汞，除金属汞外，常以二价汞的无机汞化合物（$HgCl_2$、HgS等）和有机化合物（CH_3Hg^+、$C_6H_5Hg^+$）状态存在。

水体中的各种胶体对汞都有强烈的吸附作用，天然水体中的各种胶体相互结合成絮状物，或悬浮于水体，或沉积于底泥，沉积物对汞的束缚力与环境条件和沉积物的成分有一定关系。如含硫沉积物在厌氧条件下对汞的亲和力较大，在好氧条件下对汞的亲和力比黏土矿物低。当水体中有Cl^-存在时，无机胶体对汞的吸附作用显著减弱，而对腐殖质来说，它对汞的吸附量不随Cl^-浓度的改变而改变。这可能是由于腐殖质对各种形态的汞都能强烈吸附所致。

由于对汞的吸附作用和一般汞化合物的溶解度较小（除汞的高氯酸盐、硝酸盐、硫酸盐

外)，这就决定了各污染源排放出的汞，主要沉积在排污口附近的底泥中。

有机汞离子和二价汞离子在水体中可与多种配离子或配体发生配合作用，如 Cl^-、Br^-、OH^-、NH_3、CN^-、S^{2-} 等，对汞离子的亲和力很强，形成的化合物很稳定。

汞离子和有机汞离子能发生水解反应生成相应的羟基化合物，水解反应依赖于 pH。对于 Hg^{2+} 来说，在 pH<2 时不发生水解，在 pH 值为 5～7 范围时，Hg^{2+} 几乎全部水解为 $Hg(OH)_2$，所以在不同的 pH 值时汞存在的形态不同。在氧化性的中性或碱性水体中，由于 $Hg(OH)_2$ 的形成，溶解度也是增加的。在还原性水体中，汞被沉淀为溶解度极小的硫化汞，接近中性时，汞的平衡溶解度仅为 0.02μg/L。

水体中的二价汞，在某些微生物的作用下，转化为甲基汞的反应称为汞的甲基化反应。1967 年瑞典学者 S. Jensen 等人指出，淡水水体底泥中的厌氧细菌能使无机汞甲基化，形成甲基汞和二甲基汞。许多有机汞化合物具有较高的蒸气压，容易从水相挥发到气相，如二甲基汞是易挥发的液体（沸点 93～96℃），25℃时在空气和水之间的分配系数为 0.31，0℃时为 0.15。当水体在一定湍流情况下，通过实验数据估算二甲基汞的挥发半衰期大约为 12h，因此有机汞的挥发是影响水体环境中汞的归宿的重要因素之一。

4. 铬

铬在各类环境要素中均有微量分布，土壤中铬的含量多在 100～500μg/g，低层大气中铬平均含量为 0.001μg/m^3，雨水中铬含量在 2～4μg/L，地表水中铬的含量大部分小于 10μg/L，少部分可达到 50～100μg/L，地下水中铬的含量一般小于 0.5～2μg/L。

铬的主要污染源为：铁路、耐火材料生产和煤燃烧排放含铬废气，电镀工业排放含铬废水，皮革鞣制、金属酸洗、染料、制药厂等排放含铬的生产废水等。

一方面铬是人体糖和脂肪代谢的必需元素，人体内含铬量约为 5～10mg。铬在人体内主要与其他控制代谢的物质配合起来作用，铬是葡萄糖耐量因子的组成成分、某些酶的活化剂、胰岛素的辅助因子、核酸的稳定剂等；铬影响脂肪代谢，提高高密度脂蛋白，降低血清胆固醇，减少胆固醇在动脉壁上的沉积。当铬摄入量不足时，以上相应功能出现障碍，可出现高血糖、尿糖、脂质代谢紊乱等机能失调。已有证据表明，动脉粥样硬化、白内障、高脂血症可能与长期缺铬有关。铬的食物来源有肉类、动物内脏、蛋及整粒粮食。缺铬可引起人体粥状动脉硬化症，另一方面高浓度的铬对人体和动物会产生严重危害。Cr(Ⅵ) 毒性远比 Cr(Ⅲ) 大，Cr(Ⅵ) 能导致呼吸道疾病、肠胃病变、皮肤损伤等。呼吸道吸收 Cr(Ⅵ) 能使鼻腔黏膜溃疡，损坏中枢神经，有致癌作用等，且有较长的潜伏期。实验结果表明，$HCrO_4^-$ 比 $Cr_2O_7^{2-}$ 和 CrO_4^{2-} 毒性更强，这是由于只带一个电荷的阴离子比带两个电荷的阴离子更容易透过生物膜。

Cr(Ⅲ) 有形成配合物的强烈倾向，能与氨、尿素、乙二胺、卤素、硫酸根、有机酸、蛋白质等形成配合物，这些配合物能被水体中的颗粒物吸附，最后沉降于底泥中。在中性或碱性条件下，三价铬主要形成氢氧化铬或水合的氢氧化铬 [$Cr(OH)_3 \cdot nH_2O$] 沉淀。pH 值低于 5 时，三价铬的六水配合物是稳定的。pH 值在 9 以上时，能生成带电荷的羟基配合物。在天然水的 pH 范围内，很少存在可溶性三价铬。

在水体中六价铬以含氧酸根的阴离子形式存在，不与阳离子配合。因此，在天然水体中六价铬远比三价铬活泼。六价铬在水体中主要形态有 $HCrO_4^-$、$Cr_2O_7^{2-}$ 和 CrO_4^{2-}，$Cr_2O_7^{2-}$ 和 CrO_4^{2-} 是强氧化剂，特别是在酸性介质里，$Cr_2O_7^{2-}$ 氧化性更为突出，与还原性物质（一般是有机物）反应，生成三价铬。然而当水体氧化还原电位较高时，六价铬也能较稳定地存在。水体中常见的氧化剂，如溶解氧、二氧化锰等，能将Cr(Ⅲ)氧化为Cr(Ⅵ)。水体中常见的还原剂，如Fe^{2+}、可溶性硫化物和有机物等，对Cr(Ⅵ)有还原作用。

5. 砷

砷的化合价常见有−3、0、+3和+5，还原态以$AsH_3(g)$为代表，天然水体中主要以+3和+5价存在。砷以亚砷酸和砷酸两种形式进入水体的酸碱平衡，由于存在多种价态，水体的E条件影响砷在存在的形态，砷在一般天然水中可能存在的形态为$H_2AsO_4^-$、$HAsO_4^{2-}$、H_3AsO_4和$H_2AsO_3^-$，AsO^+只在严重污染的废水中才有可能出现。

在氧化性水体中，H_3AsO_4是优势形态，在中等还原条件或低E值的条件下，亚砷酸变得稳定。E值较低的情况下，元素砷变得稳定，但在极低E值时，可以形成AsH_3，它在水中的溶解度极低，在AsH_3的分压为101.3kPa时，溶解度约为10^{-53}mol/L。

砷与汞一样可以甲基化，砷的化合物可在微生物的作用下被还原，然后与甲基作用生成有机砷化合物，主要为二甲基胂和三甲基胂。二甲基胂和三甲基胂易挥发、毒性很大，但二甲基胂在有氧气存在时不稳定，易被氧气化成毒性较低的二甲基胂酸。

水相中可溶性砷的含量并不大，水体中的砷大都集中在悬浮物和底泥中，产生这一现象的原因可能是砷的沉淀与吸附沉降。在E较高的水体中，砷以各种形态的砷酸根离子存在，它们与水体中其他阳离子（如Fe^{3+}、Fe^{2+}、Ca^{2+}、Mg^{2+}等）可形成难溶的砷酸盐（如$FeAsO_4$等）。甲基胂酸盐和二甲基胂酸盐离子与M^{3+}、M^{2+}也可形成难溶盐而沉淀至底泥。在E较低时，有硫的体系可能出现砷的硫化物固相。

砷除形成难溶化合物沉淀以外，还可发生吸附共沉淀现象。砷以各种酸根离子的形态存在时，它们都带有负电荷，因此均可被带有正电荷的水合氧化铁、水合氧化铝等胶体吸附，并形成共沉淀。这种吸附作用被认为是阴离子与羟基的交换或取代作用。

砷化物毒性很大程度上取决于它们的分子结构、形态和价态。一般认为，大多数有机砷要比无机砷毒性小得多，在无机砷中，三价砷的毒性大大高于五价砷的毒性。对于人来说，亚砷酸盐的毒性比砷酸盐要大60倍。这是由于亚砷酸盐可以与蛋白质中的巯基反应，而砷酸盐则不能。砷酸盐对生物体的新陈代谢有影响，但毒性很低，而且只是在还原成亚砷酸盐后才表现出来。三甲基胂的毒性比亚砷酸盐更大。砷具有积累中毒作用。近年来发现，砷是致癌元素之一。慢性砷中毒可引起皮肤色素沉着、皮炎，进一步可发展成皮肤癌。

第三章 大气环境化学

基础知识

一、大气的组成与结构

大气是自然环境的重要组成部分，是人类赖以生存必不可少的物质条件。在自然地理学上，把由于地心引力而随地球旋转的大气层叫作大气圈。

大气圈的厚度大约有 1×10^4km。由于大气圈与宇宙空间很难明确划分，在大气物理学和污染气象学研究中，常把大气圈界定为 1200～1400km，超出 1400km，气体非常稀薄，就是宇宙空间了。

大气圈中的空气分布是不均匀的。海平面上的大气最稠密，近地层的大气密度随高度上升而迅速变小。大气的平均压力为一个大气压，大气的质量为 5.1×10^{18}kg。

温度随高度的变化是地球大气最显著的特征。为了描述大气气温垂直分布的特点，常用每上升单位高度（100m）时气温的变化率 γ 来表示。γ 被称为气温的垂直递减率或气温直减率，也叫气温铅直梯度。当气温随高度升高而降低时，$\gamma>0$；当气温随高度升高而升高时，$\gamma<0$，也就是我们常说的逆温。气温铅直梯度随地区、季节和高度的不同而异。

1. 大气的组成

大气是多种气体的混合物，主要由恒定、可变和不定三种类型的组分组成。

大气的恒定组分是指大气中含有的 N_2(78.08%)、O_2(20.95%)、Ar(0.934%)，这里的百分比为体积分数。此外几种稀有气体 He(5.24×10^{-4})、Ne(1.81×10^{-3})、Kr(1.14×10^{-4})、Xe(8.7×10^{-6}) 的含量相对来说也是比较高的。上述气体约占空气总量的 99.9%以上。在从地球表面向上，大约到 85km 这段大气层里，这些气体组分的含量几乎是不变的。

大气的可变组分主要是指大气中的 CO_2 和水蒸气等。这些气体的含量由于受地区、季节、气象，以及人类生活和生产活动等因素的影响而有所变化，通常情况下，水蒸气的含量一般在 1%～3%范围内发生变化，CO_2 含量近年来已达 0.036%。

大气中的不定组分，主要是由自然界的火山爆发、森林火灾、海啸、地震等暂时性灾害所产生的污染物，此类污染物有硫、硫化氢、硫氧化物、碳氧化物及恶臭气体等；还包括进入大气中的尘埃，如土壤和岩石表层风化及粉碎形成的地面尘，火山爆发喷发出的火山尘，森林、泥炭和草原火灾产生的尘，从宇宙空间来的宇宙尘埃，还有因暴风雨溅起海水而形成的细小海盐微粒等；以及微小的微生物、真菌、细菌、孢子等，这些都是来自自然界的污染。这些不定组分进入大气中，可造成一定空间范围、在一段时期内暂时性的大气污染。目前，人类还难以有效地防治这类大气污染。大气中的不定组分除上述来源之外，还来源于人类社会的生活消费、交通、工农业生产等排放的废气。其排放不定组分的种类和数量与该地区的功能、人口密集程度、能源消耗和气象条件等诸多因素有关。

2. 大气的结构

为了更好地了解大气的有关性质，人们常常将大气划分成不同的层次。比较早的方法是将大气简单地分成低层大气（低于 50km）和高层大气。在高空探测火箭和人造卫星出现之前，人们对高空大气了解很少。随着科学的发展，人们对大气的了解不断深入。人们根据大气层在垂直方向上物理性质的差异，如温度、成分或电荷等物理性质以及大气层在垂直方向上的运动情况等来划分大气层。常见的方法是根据温度随海拔高度的变化情况将大气分为四层（表 3-1）。

表 3-1 大气的主要层次

大气层次	海拔高度/km	温度/℃	主要成分
对流层	0～(10～16)	15～－56	N_2、O_2、CO_2、H_2O
平流层	(10～16)～50	－56～－2	O_3
中间层	50～80	－2～－92	NO^+、O_2^+
热层	80～500	－92～1200	NO^+、O_2^+、O^+

从地面到距地球表面约 80km 高度，大气的主要成分的组成比例几乎没有什么变化。因而称之为均质大气层（简称均质层）。在均质层以上的大气层，其气体的组成随高度变化而有很大的变化，称它为非均质层。根据气温在垂直方向上的变化情况，将均质层分为对流层、平流层和中间层，非均质层分为热层（暖层或电离层）和逸散层（外大气层，>500km）。图 3-1 表示的是大气层的结构。

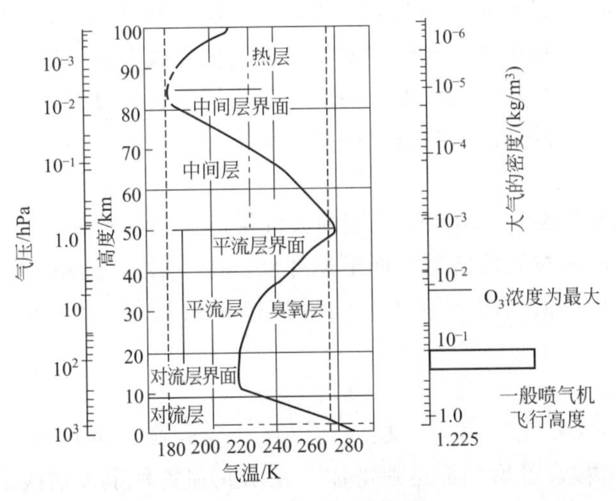

图 3-1 大气层的结构

(1) 对流层

对流层是大气的最低层，其厚度随纬度和季节而变化。在赤道上空约为 16km，在两极上空约为 10km，中纬度地区一般为 10～12km。夏季较厚，冬季较薄。原因在于热带的对流程度比寒带要强烈。

对流层的厚度仅是大气层厚度的1%。但是这一层大气的质量却占整个大气层总质量的75%。对流层具有以下特点：

① 对流层的气温随高度的增加而下降，气温垂直递减率约为-6.5℃/km。这是由于地球表面从太阳吸收了能量，然后又以红外长波辐射的形式向大气散发热量，使地球表面附近的空气温度升高。贴近地面的空气吸收热量后会发生膨胀而上升，上面的冷空气则会下降，故在垂直方向上形成强烈的对流，对流层也正是因此而得名。对流层空气对流运动的强弱主要随地理位置和季节发生变化，一般低纬度较强，高纬度较弱，夏季较强，冬季较弱。

② 根据受地表各种活动影响程度的大小，还可以将对流层分为两层。海拔高度低于1～2km的大气层叫作摩擦层或边界层，亦称低层大气。这一层受地表的机械作用和热力作用影响强烈。一般排入大气的污染物绝大部分会停留在这一层。海拔高度在1～2km以上的对流层，受地表活动影响较小，叫作自由大气层。自然界主要的天气过程如雨、雪、雹等的形成均出现在此层。

③ 在对流层的顶部还有一层叫作对流层顶层。由于这一层气体的温度特别低，水分子到达这一层后会迅速地转化成冰，从而阻止了水分子进入平流层。否则，水分子一旦进入平流层，在平流层紫外光的作用下，会发生光解形成氢自由基而脱离大气层，从而造成大气氢的损失。因此，对流层顶层起到一个屏障的作用，阻挡了水分子进一步向上移动进入平流层，避免大气氢遭到损失。

(2) 平流层

平流层是指从对流层顶开始到海拔约50km的大气层。在平流层的下层，即30～35km以下，随海拔高度的降低，温度变化不大，气温趋于稳定，因此，这部分大气又称同温层。在30～35km以上，温度随高度升高而明显增加。平流层具有以下特点：

① 空气比对流层稀薄得多，水汽、尘埃含量甚微，很少出现天气现象。

② 大气的运动多为平流运动，很少有对流运动。

③ 高度在15～60km范围内，有厚约20km的一层臭氧层，臭氧层吸收太阳短波紫外光能力强，使得地球生命避免遭受高能辐射的伤害。臭氧吸收大量的紫外光，并将其以热量的形式释放出来，从而导致平流层的温度升高。由于高层的臭氧可以优先吸收来自太阳的紫外辐射，因而使得平流层的温度随海拔高度的增加而增加。

(3) 中间层

中间层指的是从平流层顶到80km高度的大气层。这层空气更为稀薄，无水分。同时由于臭氧的消失，温度随海拔高度的增加而迅速降低。这一层空气的对流运动非常激烈。在中间层顶部，气温达到极低值（约-100℃）。在约60km的高空，受到阳光照射的大气分子开始电离。

(4) 热层

热层是指80～500km高度的大气层。在80～90km高度的区域，气温基本不变，在90km以上，温度随海拔高度增加而迅速增加。在阳光和各种宇宙射线的作用下，这一层的空气处于高度电离的状态，所以该层也称电离层。热层空气更加稀薄，大气质量仅占大气层总质量的0.5%。

(5) 逃逸层

热层以上的大气层称为逃逸层。这层空气在太阳紫外光和宇宙射线的作用下，大部分分子发生电离，使质子的质量大大超过中性氢原子的质量。逃逸层空气极为稀薄，其密度几乎与太空密度相同，故又常被称为外大气层。由于气体分子受地心引力极小，因此大气微粒可从该层进入宇宙。逃逸层的温度随高度增加而略有增加。

二、大气污染

大气污染是指大气中存在的污染物质超过了正常的环境水平，且对生物、材料、气候等产生了直接或间接的不良影响和危害。使大气产生污染的物质就称为大气污染物。

1. 大气污染物

按照物理状态、形成过程、化学类型、影响范围等，可对大气污染物进行不同的分类。

① 按物理状态分为气态污染物和颗粒态污染物两类。气态污染物（约占 90%，体积分数）是指常温下是气体或蒸气，以气态方式输入并停留在大气中的污染物，包括 SO_x、NO_x、CO_x、HC、CFCs 等；大气颗粒物（约占 10%，体积分数）是指液体或固体微粒均匀地分散在气体中形成的相对稳定的悬浮体系，也称气溶胶。

② 按形成过程分为一次污染物和二次污染物。一次污染物是指直接来自污染源的污染物，如 CO、SO_2、NO 等；二次污染物是指由一次污染物经化学反应形成的污染物质，如臭氧（O_3）、硫酸盐颗粒物等。这类反应可能在两种或多种污染物之间发生，也可能在污染物与大气天然组分之间发生。例如：氮氧化合物和碳氢化合物等一次污染物，在日光照射下，发生一系列复杂的反应形成光化学烟雾，产物包括一系列光化学氧化剂，如臭氧、过氧乙酰硝酸酯（PAN）、醛类、过氧化氢等具有刺激性、氧化性的物质。

③ 按化学类型分为含硫化合物［SO_2、H_2S、$(CH_3)_2S$、H_2SO_4］、含氮化合物（NO、NO_2、NH_3、HNO_3、N_2O）、碳氧化合物（CO、CO_2）、碳氢化合物、碳氢氧化合物（烃类、醛、酮等）、光化学氧化剂、含卤素的化合物、颗粒物、放射性物质等。

④ 按影响波及范围分为：地区性污染物（影响范围 100km 内），如颗粒物、一氧化碳、光化学烟雾等；区域性污染物（影响范围 1000km 内），如酸雨、沙尘暴等；全球性污染物，如二氧化碳、氯氟烃类化合物。

2. 大气污染源

大气污染源是指向大气环境排放有害物质或对大气环境产生有害影响的场所、设备和装置。大气污染源可以分为天然污染源和人为污染源两大类。

（1）天然污染源

自然界中某些自然现象向环境排放有害物质或造成有害影响的场所，是大气污染物的一个很重要的来源称为天然污染源。与人为污染源相比，由自然现象所产生的大气污染物种类少，浓度低。大气污染物的天然源主要有以下几种。

① 火山喷发：排放出 SO_2、H_2S、CO_2、CO、HF 等气体及火山灰等颗粒物。

② 森林火灾：排放出 CO、CO_2、SO_2、NO_2、HC 等。

③ 自然尘：风沙、土壤尘等。

④ 森林植物释放：主要为萜烯类碳氢化合物。

⑤ 海浪飞沫：颗粒物主要为硫酸盐与亚硫酸盐。

在有些情况下天然源比人为源更重要，有人曾对全球的硫氧化物和氮氧化物的排放做了估计，认为全球硫氧化物排放中的60%，氮氧化物排放中的93%来自天然源。

(2) 人为污染源

人类的生产和生活活动是大气污染的主要来源。通常所说的大气污染源是指由人类活动向大气输送污染物的发生源。大气的人为污染源可概括为以下四个方面：

① 燃料燃烧过程排放　燃料（煤、石油、天然气等）的燃烧过程是向大气输送污染物的重要发生源。其中煤是主要的工业和民用燃料，它的主要成分是碳，并含有氢、氧、氮、硫及金属化合物。煤燃烧时除产生大量烟尘外，还会产生一氧化碳、二氧化碳、二氧化硫、氮氧化物、有机化合物等有害物质。

② 工业生产过程排放　工业生产过程排放到大气中的污染物种类多、数量大，是城市或工业区大气的主要污染源。工业生产过程产生废气的工厂很多。例如：石油化工企业排放二氧化硫、硫化氢、二氧化碳、氮氧化物；有色金属冶炼工业排放二氧化硫、氮氧化物以及含重金属元素的烟尘；磷肥厂排放氟化物；酸、碱、盐化工厂排放二氧化硫、氮氧化物、氯化氢等各种酸性气体。总之，工业生产过程排放的污染物的组成与工业企业的性质密切相关。

③ 交通运输过程排放　现代化交通运输工具如汽车、飞机、船舶等排放的尾气是造成大气污染的主要来源。内燃机燃烧排放的废气中含有一氧化碳、氮氧化物、碳氢化合物、含氧有机化合物、硫氧化物和铅的化合物等多种有害物质。由于交通工具数量庞大、来往频繁，故排放污染物的量是很大的。

④ 农业活动排放　农药及化肥的使用，对提高农业产值起着重大的作用，但也给环境带来了不利影响，致使施用农药和化肥的农业活动成为大气的重要污染源。田间施用农药时，一部分农药以粉尘等颗粒物形式逸散到大气中，残留在农作物上或黏附在农作物表面的仍可挥发到大气中。进入大气的农药可以被悬浮的颗粒物吸收并随气流向各地输送，造成大气农药污染。

此外，为了便于分析污染物在大气中的运动，按照污染源性状特点，大气污染源也可分为固定式污染源和移动式污染源。固定式污染源是指污染物从固定地点排出，如各种工业生产及家庭炉灶排放源排出的污染物，其位置是固定不变的；移动式污染源是指各种交通工具，如汽车、轮船、飞机等在运行中排放出的污染物。

按照排放污染物的空间分布方式，大气污染源也可分为点污染源和面污染源。点污染源是指集中在一点或一个可当作一点的小范围排放污染源；面污染源是指在一个大面积范围排放污染源。

三、影响大气污染物迁移的因素

污染物在大气中的迁移是指由污染源排放出来的污染物由于空气的运动而使其传输和分散的过程。迁移过程可以使得污染物浓度降低。大气圈中空气的运动主要是由温度差异引起的。污染物在迁移过程中会受到各种因素的影响，主要有空气的机械运动（如风和湍流）、由于天气形势和地理地势造成的逆温现象以及污染源本身的特性等。

1. 风和大气湍流的影响

污染物在大气中的扩散取决于三个因素：风可使污染物向下风向扩散，湍流可使污染物向各个方向扩散，浓度梯度可使污染物发生质量扩散。其中风和湍流起主导作用。大气中任何一气块，既可以做规则运动，也可做无规则运动，而且这两种不同性质的运动可以共存。气块做有规则运动时，其速度在水平方向的分量称为风，铅直方向上的分量则称为铅直速度。在大尺度有规则运动中的铅直速度在几厘米/秒以下，称为系统性铅直运动；在小尺度有规则运动中的铅直速度可达几米/秒以上，就称为对流。具有乱流特征的气层称为摩擦层，因而摩擦层又称为乱流混合层。摩擦层的底部与地面相接触，厚约1000～1500m。由于地形、树木、湖泊、河流和山脉等使得地面粗糙不平，而且受热又不均匀，这就是摩擦层具有乱流混合特征的原因。在摩擦层中大气稳定度较低，污染物可自排放源向下风向迁移，从而得到稀释，也可随空气的铅直对流运动使得污染物升到高空而扩散。

在摩擦层里，乱流有两种。一种是动力乱流，也称为湍流，它是由于有规律水平运动的气流遇到起伏不平的地形扰动所产生的；另一种是热力乱流，也称为对流，它是由于地表面温度与地表面附近的温度不均匀，近地面空气受热膨胀而上升，随之上面的冷空气下降，从而形成对流。在摩擦层内，有时以动力乱流为主，有时动力乱流与热力乱流共存，且主次难分。这些都是使大气中污染物迁移的主要原因。低层大气中污染物的分散在很大程度上取决于对流与湍流的混合程度。垂直运动程度越大，用于稀释污染物的大气容积就越大。

2. 天气形势和地理地势的影响

天气形势是指大范围气压分布的状况，局部地区的气象条件总是受天气形势的影响。因此，局部地区的扩散条件与天气形势是有联系的。不利的天气形势和地形特征结合在一起常常可使某一地区的污染程度大大加重。例如，由于大气压分布不均，在高压区里存在着下沉气流，由此使气温绝热上升，于是形成上热下冷的逆温现象。这种逆温叫作下沉逆温。它可持续时间很长，范围分布很广，厚度也较厚。这样就会使从污染源排放出来的污染物长时间地积累在逆温层中而不能扩散。世界上一些较大的污染事件大多是在这种天气形势下发生的。由于不同地形地面之间的物理性质存在着很大差异，从而引起热状况在水平方向上分布不均匀。这种热力差异在弱的天气系统条件下就有可能产生局地环流，诸如海陆风、城郊风和山谷风等。

（1）海陆风

海洋和大陆的物理性质有很大差别，海洋由于有大量水，其表面温度变化缓慢，而大陆表面温度变化剧烈。白天陆地上空气温升高得比海面上空快，在海陆之间形成指向大陆的气压梯度，较冷的空气从海洋流向大陆而生成海风。夜间却相反，由于海水温度降低得比较慢，海面的温度较陆地高，在海陆之间形成指向海洋的气压梯度，于是陆地上空的空气流向海洋而生成陆风。

（2）城郊风

在城市中，工厂、企业和居民要燃烧大量的燃料，燃料燃烧过程中会有大量热能排放到大气中，于是便造成了市区的温度比郊区高，这个现象称为城市热岛效应。这样，城市热岛上暖而轻的空气上升，四周郊区的冷空气向城市流动，于是形成城郊环流。在这种环流作用下，城市本身排放的烟尘等污染物聚积在城市上空，形成烟幕，导致市区大气污染加剧。

（3）山谷风

山区地形复杂，当山坡和谷地受热不均匀就会产生的一种局地环流。白天受热的山坡把热量传递给其上面的空气，这部分空气比同高度的谷中的空气温度高，密度小，于是就产生上升气流。同时谷底中的冷空气沿坡爬升补充，形成由谷底流向山坡的气流称为谷风。夜间山坡上的空气温度下降较谷底快，其密度也比谷底大。在重力作用下，山坡上的冷空气沿坡下滑形成山风。山谷风转换时往往造成严重空气污染。

山区辐射逆温因地形作用而增强。夜间冷空气沿坡下滑，在谷底聚积，逆温发展的速度比平原快，逆温层更厚，强度更大。并且因地形阻挡，河谷和凹地的风速很小，更有利于逆温的形成。因此山区全年逆温天数多，逆温层较厚，逆温强度大，持续时间也较长。

理论提升

一、大气光化学反应

光化学是研究物质在紫外光和可见光的作用下发生化学反应的一门学科。光化学反应是物质（原子、分子、自由基或离子）吸收光子所引发的化学键断裂和生成的化学反应。相对于光化学反应来讲，可将通常的化学反应称为热化学反应。光化学反应具有一定的特征和规律，它与热化学反应的主要区别为：

① 光化学反应的活化主要是通过分子吸收一定波长的光来实现的，而热化学反应的活化主要是通过分子从环境中吸收热能而实现的。

② 光化学反应速率受温度的影响较小，有时甚至与温度无关，而热化学反应的速率受温度影响较大。

③ 在大多数情况下，光活化的分子与热活化分子的电子分布及构型有很大不同，光激发态的分子实际上是基态分子的电子异构体。

④ 被光激发的分子具有较高的能量，可以得到高内能的产物，如自由基等。

1. 自由基

自由基也称游离基，是指由于共价键均裂而生成的带有未成对电子的碎片。大气中常见的自由基如 $HO\cdot$、$HO_2\cdot$、$RO\cdot$、$RO_2\cdot$、$RC(O)O_2\cdot$ 等都是非常活泼的，他们的存在时间很短，一般只有几分之一秒。

自由基产生的方法很多，包括热裂解法、光解法、氧化还原法、电解法和诱导分解法等。在大气化学中，有机化合物的光解是产生自由基的最重要方法。许多物质在波长适当的紫外光或可见光的照射下，都可以发生键的均裂，生成自由基。例如：

$$NO_2 + h\nu \longrightarrow NO + O\cdot$$

$$HNO_2 + h\nu \longrightarrow HO\cdot + NO$$

$$RCHO + h\nu \longrightarrow H\cdot + RCO\cdot$$

2. 光化学反应过程

化学物种吸收光量子后可产生光化学反应的初级过程和次级过程。

① 初级过程包括化学物种吸收光量子形成激发态物种，其基本步骤为：

$$A + h\nu \longrightarrow A^*$$

式中　A^*——物种 A 的激发态；

　　$h\nu$——光量子。

随后，激发态 A^* 可能发生如下几种反应：

$$A^* \longrightarrow A + h\nu \quad (3\text{-}1)$$

$$A^* + M \longrightarrow A + M \quad (3\text{-}2)$$

$$A^* \longrightarrow B_1 + B_2 + B_3 + \cdots\cdots \quad (3\text{-}3)$$

$$A^* + C \longrightarrow D_1 + D_2 + D_3 + \cdots\cdots \quad (3\text{-}4)$$

式(3-1) 为辐射跃迁，即激发态物种通过辐射荧光或磷光而失活。式(3-2) 为无辐射跃迁，亦即碰撞失活过程。激发态物种通过与其他分子 M 碰撞，将能量传递给 M，自身又回到基态。以上两种过程均为光物理过程。式(3-3) 为光离解，即激发态物种离解成为两个或两个以上新物种。式(3-4) 为 A^* 与其他分子反应生成新的物质。这两种过程均为光化学过程。对于环境化学而言，光化学过程更为重要。

② 次级过程是指在初级过程中反应物、生成物之间进一步发生的反应。

如大气中 HCl 的光化学反应过程：

$$HCl + h\nu \longrightarrow H\cdot + Cl\cdot \quad (3\text{-}5)$$

$$H\cdot + HCl \longrightarrow H_2 + Cl\cdot \quad (3\text{-}6)$$

$$Cl\cdot + Cl\cdot \xrightarrow{M} Cl_2 \quad (3\text{-}7)$$

式(3-5) 为初级过程。式(3-6) 为初级过程产生的 H· 与 HCl 反应。式(3-7) 为初级过程所产生的 Cl· 之间的反应，该反应必须在有其他物质如 O_2 或 N_2 等存在下才能发生，式中用 M 表示。式(3-6) 和式(3-7) 均属于次级过程，这些过程大都是吸热反应。

3. 大气中重要吸光物质的光解

大气中的一些组分和某些污染物能够吸收不同波长的光，从而产生各种效应。下面介绍几种与大气污染有直接关系的重要的光化学过程。

(1) 氧分子和氮分子的光解

氧是空气的重要组分。氧分子的键能为 493.8kJ/mol。图 3-2 为氧分子在紫外波段的吸收光谱，图中 ε 为吸收系数。由图 3-2 可见，氧分子刚好在与其化学键裂解能相对应的波长 (243nm) 时开始吸收。

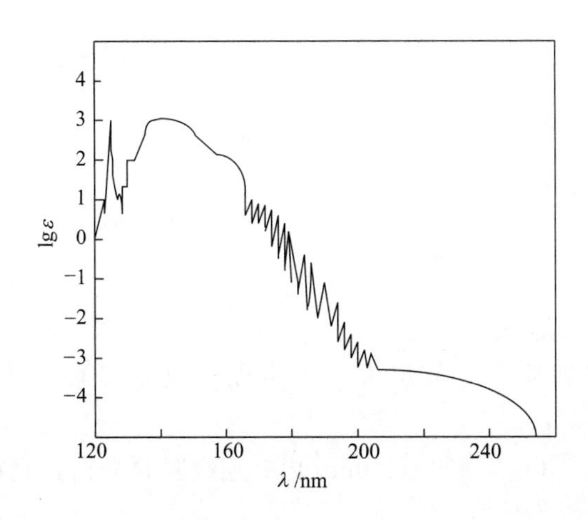

图 3-2　O_2 在紫外波段的吸收光谱 (R. A. Bailey)

在 200nm 以下吸收光谱变得很强，且呈带状。147nm 左右吸收达到最大。通常认为

240nm 以下的紫外光可以引起 O_2 的光解。

$$O_2+h\nu \longrightarrow O\cdot + O\cdot$$

氮分子的键能较大，为 939.4kJ/mol。对应的光波长为 127nm。N_2 几乎不吸收 120nm 以上任何波长的光，只对低于 120nm 的光才有明显的吸收。波长低于 120nm 的紫外光在上层大气中被 N_2 吸收后，其离解的方式为：

$$N_2+h\nu \longrightarrow N\cdot + N\cdot$$

(2) 臭氧的光解

臭氧是一个弯曲的分子，键能为 101.2kJ/mol。在低于 1000km 的大气中，由于气体分子密度比高空大得多，三个粒子碰撞的概率较大，O_2 光解而产生的 O· 可与 O_2 发生如下反应：

$$O\cdot + O_2 + M \longrightarrow O_3 + M$$

其中 M 是第三种物质。这一反应是平流层中 O_3 的主要来源，也是消除 O· 的主要过程。O_3 不仅吸收了来自太阳的紫外光保护了地面的生物，同时也是上层大气能量的一个储库。

O_3 在紫外光和可见光范围内均有吸收带，如图 3-3 所示。O_3 对光的吸收光谱由三个带组成，紫外区有两个吸收带，即 200～300nm 和 300～360nm，最强吸收在 254nm。O_3 吸收紫外光后发生如下离解反应：

$$O_3+h\nu \longrightarrow O_2 + O\cdot$$

O_3 主要吸收的是来自太阳波长小于 290nm 的紫外光。而较长波长的紫外光则有可能透过臭氧层进入大气的对流层以至地面。

从图 3-3 中也可看出，O_3 在可见光范围内也有一个吸收带，波长为 440～850nm，这个吸收是很弱的，O_3 离解所产生的 O· 和 O_2 的能量状态也是比较低的。

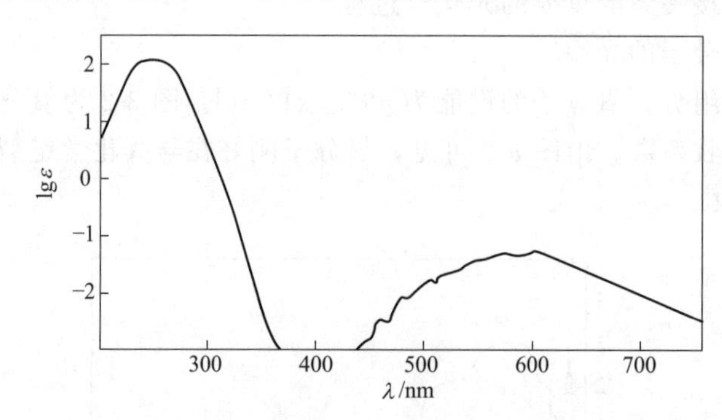

图 3-3　O_3 吸收光谱（R. A. Bailey）

(3) NO_2 的光解

NO_2 的键能为 300.5kJ/mol。它在大气中很活泼，可参与许多光化学反应。NO_2 是城市大气中重要的吸光物质。在低层大气中可以吸收全部来自太阳的紫外光和部分可见光。

从图 3-4 中可看出，NO_2 在 290～410nm 内有连续吸收光谱，它在对流层大气中具有实际意义。

NO_2 吸收小于 420nm 波长的光可发生离解：

$$NO_2+h\nu \longrightarrow NO + O\cdot$$

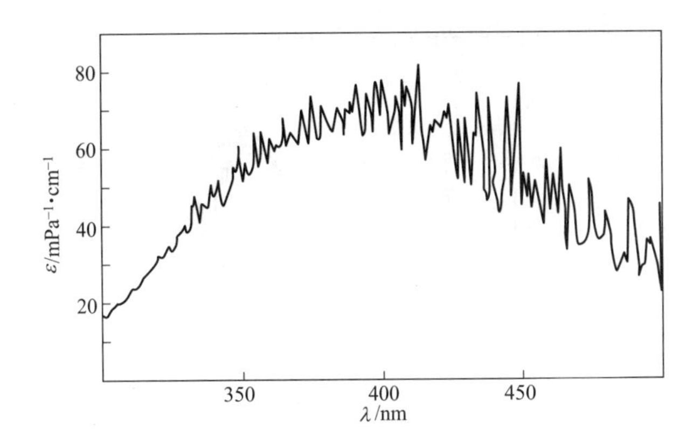

图 3-4 NO_2 吸收光谱（R. A. Bailey）

$$O\cdot + O_2 + M \longrightarrow O_3 + M$$

据称这是大气中唯一已知的 O_3 的人为来源。

（4）亚硝酸和硝酸的光解

亚硝酸 HO—NO 间的键能为 201.1kJ/mol，H—ONO 间的键能为 324.0kJ/mol。HNO_2 对 200～400nm 的光有吸收，吸光后发生光离解，一个初级过程为：

$$HNO_2 + h\nu \longrightarrow HO\cdot + NO$$

另一个初级过程为：

$$HNO_2 + h\nu \longrightarrow H\cdot + NO_2$$

次级过程为：

$$HO\cdot + NO \longrightarrow HNO_2$$

$$HO\cdot + HNO_2 \longrightarrow H_2O + NO_2$$

$$HO\cdot + NO_2 \longrightarrow HNO_3$$

由于 HNO_2 可以吸收 300nm 以上的光而离解，是大气中 HO· 的重要来源之一。

HNO_3 的 HO—NO_2 键能为 199.4kJ/mol。它对于波长 120～335nm 的辐射均有不同程度的吸收。光解机理为：

$$HNO_3 + h\nu \longrightarrow HO\cdot + NO_2$$

若有 CO 存在：

$$HO\cdot + CO \longrightarrow CO_2 + H\cdot$$

$$H\cdot + O_2 + M \longrightarrow HO_2\cdot + M$$

$$2HO_2\cdot \longrightarrow H_2O_2 + O_2$$

（5）二氧化硫对光的吸收

SO_2 的键能为 545.1kJ/mol。在它的吸收光谱中呈现三条吸收带。第一条为 340～400nm，于 370nm 处有一最强的吸收，但它是一个极弱的吸收区。第二条为 240～330nm，是一个较强的吸收区。第三条从 240nm 开始，随波长下降吸收变得很强，直到 180nm，它是一个很强的吸收区。如图 3-5 所示。

由于 SO_2 的键能较大，240～400nm 的光不能使其离解，只能生成激发态：

$$SO_2 + h\nu \longrightarrow SO_2^*$$

SO_2^* 在污染大气中可参与许多光化学反应。

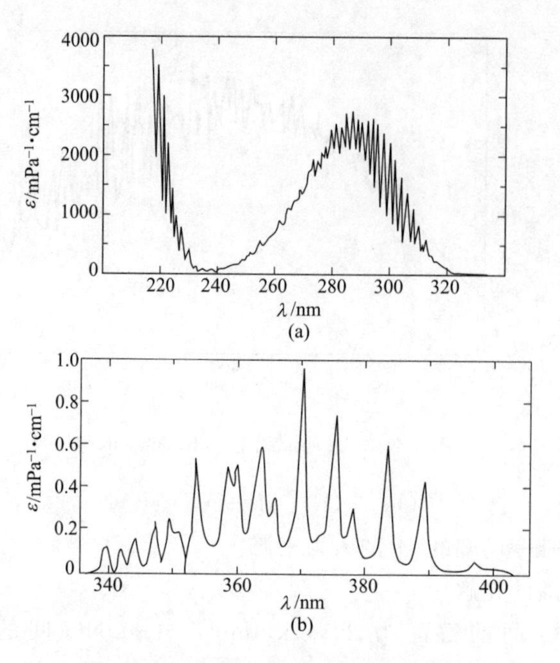

图 3-5 SO_2 吸收光谱（J. Heicklen）

（6）甲醛的光解

H—CHO 的键能为 356.5kJ/mol。它对 240～360nm 波长范围内的光有吸收。吸光后的初级过程有：

$$H_2CO + h\nu \longrightarrow H\cdot + HCO\cdot$$

$$H_2CO + h\nu \longrightarrow H_2 + CO$$

次级过程有：

$$H\cdot + HCO\cdot \longrightarrow H_2 + CO$$

$$2H\cdot + M \longrightarrow H_2 + M$$

$$2HCO\cdot \longrightarrow 2CO + H_2$$

在对流层，由于 O_2 存在，可发生如下反应：

$$H\cdot + O_2 \longrightarrow HO_2\cdot$$

$$HCO\cdot + O_2 \longrightarrow HO_2 + CO$$

因此空气中甲醛光解可产生 $HO_2\cdot$ 自由基。其他醛类的光解也可以同样方式生成 $HO_2\cdot$，如乙醛光解：

$$CH_3CHO + h\nu \longrightarrow H\cdot + CH_3CO\cdot$$

$$H\cdot + O_2 \longrightarrow HO_2\cdot$$

所以醛类的光解是大气中 $HO_2\cdot$ 的重要来源之一。

（7）卤代烃的光解

在卤代烃中以卤代甲烷的光解对大气污染化学作用最大。卤代甲烷光解的初级过程可概括如下：

① 卤代甲烷在近紫外光照射下，其离解方式为：

$$CH_3X + h\nu \longrightarrow CH_3\cdot + X\cdot$$

式中，X 代表 F、Cl、Br、I。

② 如果卤代甲烷中含有一种以上的卤素，则断裂的是最弱的键，其键强顺序为 $CH_3F>CH_3H>CH_3Cl>CH_3Br>CH_3I$。例如，$CCl_3Br$ 光解首先生成 CCl_3+Br 而不是 CCl_2Br+Cl。

③ 高能量的短波长紫外光照射，可能发生两个键断裂，应断两个最弱键。例如，CF_2Cl_2 离解成 CF_2+2Cl。当然，离解成 CF_2Cl+Cl 的过程也会同时存在。

④ 即使是最短波长的光，如 147nm，三键断裂也不常见。

$CFCl_3$（氟利昂-11）、CF_2Cl_2（氟利昂-12）的光解：

$$CFCl_3+h\nu \longrightarrow CFCl_2\cdot+Cl\cdot$$

$$CFCl_3+h\nu \longrightarrow CFCl\cdot+2Cl\cdot$$

$$CF_2Cl_2+h\nu \longrightarrow CF_2Cl\cdot+Cl\cdot$$

$$CF_2Cl_2+h\nu \longrightarrow CF_2\cdot+2Cl\cdot$$

4. 污染大气中的重要光化学反应

（1）氮氧化物的转化

氮氧化物是大气中主要的气态污染物之一，它的主要人为来源是矿物燃料的燃烧。在燃烧高温情况下，空气中的氮与氧化合生成氮氧化物，其中主要的是一氧化氮。一氧化氮还可进一步被氧化成二氧化氮、三氧化二氮和五氧化二氮等，它们溶于水后可生成亚硝酸和硝酸。另外，氮氧化物与其他污染物共存时，在阳光照射下可发生光化学烟雾。氮氧化物在大气中的转化是大气污染化学的一个重要内容。

① 大气中的含氮化合物　大气中主要含氮化合物有 N_2O、NO、NO_2、NH_3、HNO_2、HNO_3、亚硝酸酯、硝酸酯、亚硝酸盐、硝酸盐和铵盐等。

氧化亚氮（N_2O）是无色气体，是清洁空气的组分，是低层大气中含量最高的含氮化合物。它主要来自天然源，即环境中的含氮化合物在微生物作用下分解而产生的。这种气体惰性很大，在对流层中十分稳定，几乎不参与任何化学反应。进入平流层后，由于吸收来自太阳的紫外光而光解产生 NO，会对臭氧层起破坏作用。土壤中的含氮化肥经微生物分解可产生 N_2O，这是人为产生 N_2O 的原因之一。

大气污染化学中所说的氮氧化物通常是指一氧化氮和二氧化氮，用 NO_x 表示。它们的天然来源主要是生物有机体腐败过程中微生物将有机氮转化成为 NO，NO 继续被氧化成 NO_2。另外，有机体中的氨基酸分解产生的氨也可被 $HO\cdot$ 氧化成为 NO_x。

NO_x 的人为来源主要是矿物燃料的燃烧。燃烧过程中所排放出的氮氧化物可对环境造成严重污染。城市大气中的 NO_x 主要来自汽车尾气和一些固定排放源。矿物燃料燃烧过程中所产生的 NO_x 以 NO 为主，通常占 90%以上，其余为 NO_2。

燃烧过程中，空气中的氮和氧在高温条件下化合生成 NO_x 的链式反应机制如下：

$$O_2 \rightleftharpoons O\cdot+O\cdot$$

$$O\cdot+N_2 \longrightarrow NO+N\cdot$$

$$N\cdot+O_2 \longrightarrow NO+O\cdot$$

$$2NO+O_2 \longrightarrow 2NO_2$$

在这个链式反应中前三个反应都进行得很快，唯 NO 与空气中氧的反应进行得很慢，因而燃烧过程中产生的 NO_2 含量很少。

② 氮氧化物的气相转化

a. NO 的氧化　NO 是燃烧过程中直接向大气排放的污染物。NO 可通过许多氧化过程氧化成NO_2。如以O_3为氧化剂：

$$NO+O_3 \longrightarrow NO_2+O_2$$

在HO·与烃反应时，HO·可从烃中摘除一个H·而形成烷基自由基，该自由基与大气中的O_2结合生成RO_2·。RO_2·具有氧化性，可将NO氧化成NO_2：

$$RH+HO\cdot \longrightarrow R\cdot+H_2O$$

$$R\cdot+O_2 \longrightarrow RO_2\cdot$$

$$NO+RO_2\cdot \longrightarrow NO_2+RO\cdot$$

生成的RO·可进一步与O_2反应，O_2从RO·中靠近O·的次甲基中摘除一个H，生成HO_2·和相应的醛。

$$RO\cdot+O_2 \longrightarrow R'CHO+HO_2\cdot$$

$$HO_2\cdot+NO \longrightarrow HO\cdot+NO_2$$

式中的R′比R少一个碳原子。在一个烃被HO·氧化的链循环中，往往有2个NO被氧化成NO_2，同时HO·通过还原得到了复原，因而此反应甚为重要。这类反应速率很快，能与O_3氧化反应竞争。在光化学反应烟雾形成过程中，由于HO·引发了烃类化合物的链式反应，而使得RO_2·、HO_2·数量大增，从而迅速地将NO氧化成NO_2。这样就使得O_3得以积累，成为光化学烟雾的重要产物。

HO·和RO·也可与NO直接反应生成亚硝酸或亚硝酸酯。

$$HO\cdot+NO \longrightarrow HNO_2$$

$$RO\cdot+NO \longrightarrow RONO$$

HNO_2和RONO都极易光解。

b. NO_2的转化　NO_2的光解在大气污染化学中占有很重要的地位。它可以引发大气中生成O_3的反应。此外，NO_2能与一系列自由基，如HO·、O·、HO_2·、RO_2·和RO·等反应，也能与O_3和NO_3反应。其中比较重要的是NO_2与HO·、NO_3及O_3的反应。

NO_2与HO·反应可生成HNO_3：

$$NO_2+HO\cdot \longrightarrow HNO_3$$

此反应是大气中气态HNO_3的主要来源，同时也对酸雨和酸雾的形成起着重要作用。白天大气中HO·浓度较夜间高，因而这一反应在白天会有效地进行。所产生的HNO_3与HNO_2不同，它在大气中光解得很慢，沉降是它在大气中的主要去除过程。

NO_2也可与O_3反应：

$$NO_2+O_3 \longrightarrow NO_3+O_2$$

此反应在对流层中也是很重要的，尤其是在NO_2和O_3浓度都较高时，它是大气NO_3的主要来源。NO_3可与NO_2进一步反应：

$$NO_2+NO_3 \rightleftharpoons N_2O_5$$

这是一个可逆反应，生成的N_2O_5又可分解成NO_2和NO_3。当夜间HO·和NO浓度不高，而O_3有一定浓度时，NO_2会被O_3氧化成NO_3，随后进一步发生如上反应而生成N_2O_5。

c. 过氧乙酰基硝酸酯（PAN）　PAN是由乙酰基与空气中的O_2结合形成过氧乙酰基，再与NO_2化合生成的化合物：

$$CH_3CO\cdot+O_2 \longrightarrow CH_3OCOO\cdot$$

$$CH_3OCOO\cdot+NO_2 \longrightarrow CH_3OCOONO_2$$

反应的主要引发者乙酰基是由乙醛光解而产生的：

$$CH_3CHO + h\nu \longrightarrow CH_3CO\cdot + H\cdot$$

而大气中的乙醛主要来源于乙烷的氧化：

$$C_2H_6 + HO\cdot \longrightarrow C_2H_5\cdot + H_2O$$

$$C_2H_5 + O_2 \xrightarrow{M} C_2H_5O_2\cdot$$

$$C_2H_5O_2\cdot + NO \longrightarrow C_2H_5O\cdot + NO_2$$

$$C_2H_5O\cdot + O_2 \longrightarrow CH_3CHO + HO_2\cdot$$

PAN 具有热不稳定性，遇热会分解而回到过氧乙酰基和 NO_2。因而 PAN 的分解和形成之间存在着平衡，其平衡常数随温度而变化。

如果把 PAN 中的乙基用其他烷基替代，就会形成相应的过氧烷基硝酸酯，如过氧丙酰基硝酸酯（PPN）、过氧苯酰基硝酸酯等。

（2）碳氢化合物的转化

碳氢化合物是大气中的重要污染物。大气中以气态形式存在的碳氢化合物的碳原子数主要在 1～10 个，包含可挥发性的所有烃类。它们是形成光化学烟雾的主要参与者。其他碳氢化合物大部分以气溶胶形式存在于大气中。

大气中主要的碳氢化合物包括甲烷、石油烃及芳香烃类。

烷烃可与大气中的 HO· 和 O· 发生氢原子的摘除反应：

$$RH + HO\cdot \longrightarrow R\cdot + H_2O$$

$$RH + O\cdot \longrightarrow R\cdot + HO\cdot$$

这两个反应的产物中都有烷基自由基，但另一个产物不同，前者是稳定的 H_2O，后者则是活泼的自由基 HO·。前者反应速率常数比后者大两个数量级以上，如表 3-2 所示。

表 3-2 HO·、O·与烷烃反应的速率常数

烃类	速率常数/$2.98\times10^8\,min^{-1}$	
	HO·	O·
甲烷	16.5	0.0176
乙烷	443	1.37
丙烷	1800	12.3
正丁烷	5700	32.4
环己烷	1.2×10^4	117

上述烷烃所发生的两种氧化反应中，经氢原子摘除反应所产生的烷基 R· 与空气中的 O_2 结合生成 $RO_2\cdot$，它可将 NO 氧化成 NO_2，并产生 RO·。O_2 还可从 RO· 中再摘除一个 H·，最终生成 $HO_2\cdot$ 和一个相应的稳定产物醛或酮。

如甲烷的氧化反应：

$$CH_4 + HO\cdot \longrightarrow CH_3\cdot + H_2O$$

$$CH_4 + O\cdot \longrightarrow CH_3\cdot + HO\cdot$$

反应中生成的 $CH_3\cdot$ 与空气中的 O_2 结合：

$$CH_3\cdot + O_2 \xrightarrow{M} CH_3O_2\cdot$$

由于大气中的 O· 主要来自 O_3 的光解，通过上述反应，CH_4 不断消耗 O·，可导致臭氧层的损耗。同时，生成的 $CH_3O_2\cdot$ 是一种强氧化性的自由基，它可将 NO 氧化为 NO_2。

$$NO + CH_3O_2 \cdot \longrightarrow NO_2 + CH_3O \cdot$$
$$CH_3O \cdot + NO_2 \longrightarrow CH_3ONO_2$$
$$CH_3O \cdot + O_2 \longrightarrow HO_2 \cdot + H_2CO$$

如果 NO 浓度低，自由基间也可发生如下反应：

$$RO_2 \cdot + HO_2 \cdot \longrightarrow ROOH + O_2$$
$$ROOH + h\nu \longrightarrow RO \cdot + HO \cdot$$

O_3一般不与烷烃发生反应。

除了烷烃，烯烃、醚、醇、酮、醛等也在一定条件下发生一系列光化学反应。

二、光化学烟雾

1. 光化学烟雾的组成

含有氮氧化物（NO_x）和碳氢化合物（C_xH_y）等一次污染物的大气，在阳光照射下发生光化学反应而产生二次污染物，如 O_3、醛类、PAN、H_2O_2 等，形成光化学污染。这种由一次污染物和二次污染物的混合物所形成的烟雾污染现象，称为光化学烟雾。

光化学烟雾是由二氧化氮、一氧化氮、一氧化碳和碳氢化合物等一次污染物及它们在一定条件下反应产生的二次污染物，如臭氧、过氧乙酰硝酸酯（PAN）、醛等混合而成的。其主要成分是臭氧、醛类、过氧乙酰基硝酸酯、烷基硝酸盐、酮等一系列氧化剂。这些污染物主要有以下几个来源。

（1）氮氧化合物的来源

光化学烟雾的主要成分为 NO 和 NO_2，它们的天然来源主要是闪电、微生物的固氮作用以及 NH_3 的氧化。火山喷发和森林大火等也会产生 NO_x。人为来源主要是燃料的燃烧、汽车的尾气、生产和使用硝酸的工厂尾气、燃煤发电厂等。

（2）碳氢化合物的来源

碳氢化合物主要来自汽车尾气和有机物燃烧。

（3）一氧化碳的来源

一氧化碳主要来自汽车尾气（主要在汽油燃烧不充分时，如停车状态开发动机）、燃煤、农垦烧荒、有机物燃烧。

（4）臭氧的来源

臭氧（O_3，又称作光化学氧化剂）主要由汽车和工厂释放出的氮氧化物在太阳光照射下与氧气反应生成。

2. 光化学烟雾的形成条件及特征

（1）光化学烟雾的形成条件

① 污染源条件　应具备的物质要素有氮氧化物（NO_x）和碳氢化合物（C_xH_y）等。

② 气象条件

a. 强烈光照　NO_2 的光解需 290～420nm 的光，因此，夏季比冬季可能性大，一天中正午前后光线最强时出现“烟雾”的可能性大。

b. 低风速、低湿度、逆温天气　当天气晴朗、高温、低湿、有逆温和风力不大时容易发生光化学烟雾。

c. 地理条件 太阳辐射强度是一个主要条件，太阳辐射的强弱，主要取决于太阳的高度，即太阳辐射线与地面所成的投射角，以及大气透明度等。光化学烟雾的浓度，除受太阳辐射强度的日变化影响外，还受该地区的纬度、海拔高度、季节、天气等条件的影响。经过研究表明，在北纬60°和南纬60°之间的一些大城市，都可能发生光化学烟雾。光化学烟雾主要发生在阳光强烈的夏、秋季节。随着光化学反应的不断进行，反应生成物不断累积，光化学烟雾的浓度会不断升高。

（2）光化学烟雾的特征

① 光化学烟雾发生时，天空中烟雾弥漫，呈浅蓝色，且多为强氧化性物质；

② 光化学烟雾主要发生在强日光及大气相对湿度较低的夏季晴天，通常在白天形成，晚上消失；

③ 光化学烟雾浓度的高峰常出现在中午或午后，污染区域往往在污染源的下风向几十到几百千米处；

④ 受气象条件影响，逆温静风情况会加剧光化学烟雾的污染程度。

3. 光化学烟雾的形成机理

光化学烟雾在白天形成，傍晚消失。污染高峰出现在中午或午后。图3-6为污染地区大气中NO、NO_2、烃、醛及O_3从早至晚的日变化曲线。

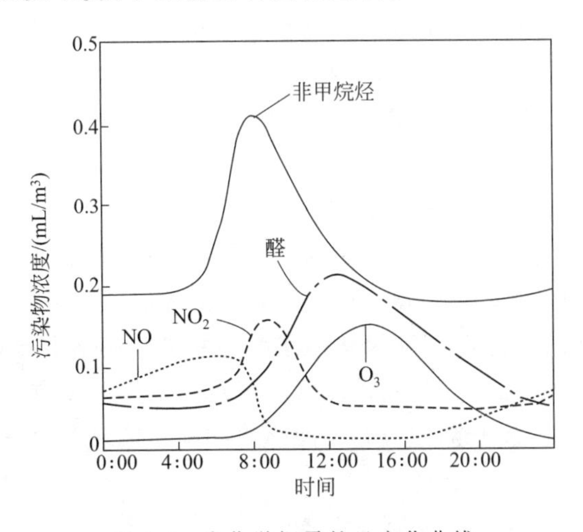

图3-6 光化学烟雾的日变化曲线

由图3-6可以看出，烃和NO的最大值发生在早晨交通繁忙时刻，这时NO_2浓度较低。随着太阳辐射的增强，NO_2、O_3和醛的浓度迅速增大，中午时已达到较高浓度，它们的峰值通常比NO峰值晚出现4～5h。由此可以推断NO_2、O_3和醛是在日光照射下由大气光化学反应而产生的，属于二次污染物。早晨由汽车排放出来的尾气是产生这些光化学反应的直接原因。傍晚交通繁忙时刻，虽然仍有较多汽车尾气排放，但由于日光已较弱，不足以引起光化学反应，因而不能产生光化学烟雾现象。

NO_x是导致大气光化学污染的重要污染物质。在城市近地面大气中，主要由人类活动排放。它们的人为来源主要是燃料的燃烧过程。燃烧源可分为流动燃烧源和固定燃烧源。城市大气中的NO_x一般有1/3来自固定源的排放，2/3来自汽车等流动源的排放。因此，交通干线附近空气中NO_x的含量与车流量密切相关，而汽车流量往往随时间变化，因而空气

中 NO_x 的含量也随时间变化。无论是流动源还是固定源，燃烧直接产生的 NO_x 主要是 NO，占 90%以上，NO_2的含量则很少，占 0.5%～10%。环境中的NO_2主要是由已排入环境中的 NO 在大气中氧化而生成。

4. 光化学烟雾的危害

(1) 对人体的危害

光化学烟雾的主要成分为臭氧（约占 85%）、过氧乙酰硝酸酯（PAN）（约占 10%）、过氧苯酰硝酸酯、醛类等。这些物质对人体可造成很大的危害。光化学烟雾对人体危害最明显的是对人眼睛的刺激作用。在美国加利福尼亚州，由于光化学烟雾的作用，曾使该州 3/4 的人发生红眼病。日本东京 1970 年发生光化学烟雾时期，有 2 万人患了红眼病。光化学烟雾对鼻、咽喉、气管和肺等呼吸器官也有明显的刺激作用，并伴有头痛，使呼吸道疾病恶化，对老人、儿童及病弱者尤为严重。1952 年洛杉矶的光化学烟雾事件，于两天内使 65 岁以上的老人死亡 400 余人。下面主要介绍臭氧和 PAN 等对人体的危害。

① 臭氧对人体的危害　臭氧对人体的危害主要表现在刺激和破坏深部呼吸道黏膜和组织，对眼睛也有刺激。在低浓度长时间作用时，可引起慢性呼吸道疾病及其他疾病。大气中臭氧浓度为 0.1×10^{-6}～0.5×10^{-6}（体积分数，余同）时，会引起对鼻、喉头黏膜的刺激和对眼睛的刺激；在 0.2×10^{-6}～0.8×10^{-6}浓度下接触 2h 后，会出现气管刺激症状；在1×10^{-6}浓度以上，会引起头疼、肺深部气道变窄，出现肺气肿，长时间接触会出现一系列中枢神经损害或引起肺水肿。此外，还能阻碍血液输氧的功能，造成组织缺氧现象，并有使视力下降、甲状腺功能受损、骨骼早期钙化等作用。根据近年研究，它还有引起染色体畸变的作用。

② PAN 对人体的危害　研究表明，光化学烟雾中的 PAN 是一种极强的催泪剂，其催泪作用相当于甲醛的 200 倍。另一种眼睛强刺激剂是过氧苯酰硝酸酯（PBN），它对眼的刺激作用比 PAN 大约强 100 倍。据报道，PAN 和 PBN 还有致癌危险。

③ 其他物质对人体的危害　过氧苯酰硝酸酯、醛类、硝酸和硫酸等，都有强烈刺激眼睛的作用，使人眼睛红肿、流泪。呼吸系统症状表现为喉疼、喘息、咳嗽、呼吸困难，还能引起头痛、胸闷、疲劳感、皮肤潮红、心功能障碍和肺功能衰竭等一系列症状。

(2) 对植物的危害

植物受害是判断光化学烟雾污染程度的最敏感的指标之一。植物受到臭氧的损害，开始时表皮褪色，呈蜡质状，经过一段时间后色素发生变化，叶片上出现红褐色斑点。PAN 使叶子背面呈银灰色或古铜色，影响植物的生长，降低植物对病虫害的抵抗力。植物受害现象是人体健康受到影响的先兆。光化学烟雾对植物的损害是十分严重的。在美国，光化学烟雾影响农作物减产已遍及 27 个州。据有关当局统计，仅加利福尼亚州 1959 年由光化学烟雾引起的农作物减产损失达 800 万美元。据洛杉矶市调查，由于光化学烟雾的毒害作用，大片树林枯死，葡萄减产 60%以上，柑橘也严重减产。

对光化学烟雾敏感的植物包括许多农作物（棉花、烟草、甜菜、莴苣、番茄和菠菜等）、某些饲料作物、观赏植物（如菊花、蔷薇、兰花和牵牛花等）和多种树木。

(3) 对大气的能见度的影响

光化学烟雾的重要特征之一是使大气的能见度降低，视程缩短。这主要是由于污染物质在大气中形成的光化学烟雾气溶胶所引起的。这种气溶胶颗粒大小一般在 0.3～1.0μm 范围内。由于这样大小的颗粒不易因重力作用而沉降，能较长时间悬浮于空气中，长距离迁移，它们与人视觉能力的光波波长一致，且能散射太阳光，从而明显地降低了大气的能见度。能见度的降低使得汽车与飞机等交通工具无法安全运行，导致交通事故增多。

(4) 对建筑物及橡胶制品的影响

光化学烟雾会加速橡胶制品的老化和龟裂，腐蚀建筑物和衣物，缩短其使用寿命。光化学烟雾还会促使酸雨形成，使染料、绘画褪色，建筑物和机器受腐蚀等。

5. 光化学烟雾的控制措施

(1) 控制机动车尾气排放

通过以上的论述我们知道光化学烟雾的发生主要是由于机动车尾气的排放造成的，所以我们要严格遵守排放标准，提高汽车性能，提高油品质量，使用清洁燃油，改善汽车发动机工作状态和在排气系统安装催化反应器等。

(2) 使用化学抑制剂

可以根据光化学烟雾形成机理，使用化学抑制剂，诸如二乙基羟胺、苯胺、二苯胺、酚等，对各种自由基可产生不同程度的抑制作用，从而终止链反应，达到控制烟雾的目的。但在使用前要慎重考虑抑制剂的二次污染问题，并避免其对人体和动植物的毒害作用。

(3) 加强对废气排放的管理

要对石油、氮肥、硝酸等化工厂的排废严加管理，要严禁飞机在航行途中排放燃料等，以减少氮氧化物和烃的排放。现在已研制开发成功的催化转化器，是一种与排气管相连的反应器，它使排放的废气和外界空气通过催化剂处理后，氮的氧化物转化成无毒的 N_2，烃可转化成 CO_2 和 H_2O。

(4) 设立检测点

为了及时了解光化学烟雾的情况，许多国家都很重视监测工作。例如，洛杉矶市设有 10 个监测站，经常监测光化学烟雾的污染状况，同时该市还制定了光化学烟雾的三级警报标准，以便及时采取有效的防治措施。

三、酸雨

酸性降水是指雨、雪、雾、冰雹等将大气中的酸性物质迁移到地面的过程，这种降水过程称为湿沉降。与其对应的还有干沉降，是指大气中的酸性物质在气流的作用下直接迁移到地面的过程。这两种过程共同称为酸沉降。本书中提到的酸沉降主要指大气湿沉降过程。

过去，国际上一直把 pH＝5.6 作为判断酸雨的界限，即 pH＜5.6 的降水称为酸雨。原因是考虑到未被污染的大气中，可溶于水且含量比较大的酸性气体是 CO_2。如果只把 CO_2 作为影响天然降水 pH 值的因素，根据 CO_2 的全球大气浓度与纯水的平衡关系，可以计算出降水的 pH＝5.6。多年来国际上一直将此值看作未受污染的大气水 pH 值的背景值。

近年来通过对降水的多年观测，已经对 pH＝5.6 能否作为酸性降水的界限以及判别人为污染的界限提出异议。因为，实际上大气中除 CO_2 外，还存在着各种酸性、碱性气态和气溶胶物质。它们的量虽少，但对降水的 pH 值也有贡献，即未被污染的大气降水的 pH 值不一定正好是 5.6。同时，作为对降水 pH 值影响较大的强酸，如硫酸和硝酸，也有其天然产生的来源，因而对雨水的 pH 值也有贡献。此外，有些地区大气中碱性尘粒或其他碱性气体，如 NH_3 含量较高，也会导致降水 pH 值上升。

因此，pH=5.6 不是一个判别降水是否受到酸化和人为污染的合理界限。于是有人提出了降水 pH 背景值的问题。通过大量研究成果，认为以 5.0 作为酸雨 pH 值的界限更为准确（表 3-3）。

表 3-3　世界某些降水背景点的 pH 值

地点	样本数	pH 平均值
中国丽江	280	5.00
Amsterdan(印度洋)	26	4.92
Porkflot(阿拉斯加)	16	4.94
Katherine(澳大利亚)	40	4.78
Sancarlos(委内瑞拉)	14	4.81
St. Geoges(大西洋百慕大群岛)	67	4.79

1. 酸雨的化学组成

大气降水的物质组成通常包括以下几类。

① 大气中的固定气体成分。O_2、N_2、CO_2、H_2 及稀有气体。

② 无机物。土壤衍生矿物离子 Al^{3+}、Ca^{2+}、Mg^{2+}、Fe^{3+}、Mn^{2+} 和硅酸盐等；海洋盐类离子 Na^+、Cl^-、Br^-、SO_4^{2-}、HCO_3^- 及少量 K^+、Mg^{2+}、Ca^{2+}、I^- 和 PO_4^{3-} 离子；气体转化产物 SO_4^{2-}、NO_3^-、NH_4^+、Cl^-、H^+；人为排放源 As、Cd、Cr、Co、Cu、Pb、Mn、Mo、Ni、V、Zn、Ag、Sn 和 Hg 的化合物。

③ 有机物。有机酸、醛类、烷烃、烯烃和芳烃。

④ 光化学反应产物。H_2O_2、O_3 和 PAN 等。

⑤ 不溶物。雨水中的不溶物来自土壤粒子和燃料燃烧排放尘粒中的不溶物。

在进行酸雨研究时通常分析测定的化学组分有如下几种离子：

阳离子：H^+、Ca^{2+}、NH_4^+、Na^+、K^+、Mg^{2+}；

阴离子：SO_4^{2-}、NO_3^-、Cl^-、HCO_3^-。

上述各种离子在酸雨中并非都起着同样重要的作用。在我国，Cl^- 和 Na^+ 的浓度基本一致，可以认为这两种离子主要来自海洋，对降水酸度不产生影响。在阴离子总量中 SO_4^{2-} 占绝对优势，在阳离子总量中 H^+、Ca^{2+}、NH_4^+ 占 80%以上。这表明，影响我国降水酸度主要离子为 SO_4^{2-}、Ca^{2+}、NH_4^+。

表 3-4　酸性降水中典型的离子浓度值

阳离子	浓度/(μeq/L)	阴离子	浓度/(μeq/L)
H^+	56	SO_4^{2-}	51
NH_4^+	10	NO_3^-	20
Ca^{2+}	7	Cl^-	12
Na^+	5		
Mg^{2+}	3		
K^+	2		
总量	83	总量	83

表 3-4 列出了 pH 值为 4.25 的酸性降水中主要的阳离子和阴离子。虽然随着采集时间和地点的不同实际值会有很大差异，但此表说明了降雨中离子溶液的主要特征：以硫酸根离

子为主，显然硫酸是酸雨的主要贡献者；硝酸的作用次之；盐酸排第三位。

我国酸雨中关键性离子组成是 SO_4^{2-}、Ca^{2+} 和 NH_4^+。其中作为酸的指标的 SO_4^{2-} 主要来自燃煤排放的 SO_2，而 Ca^{2+} 和 NH_4^+ 的来源较为复杂，既有人为来源，又有天然来源，而且可能天然来源是主要的。如果以天然来源为主，就会与各地的自然条件，尤其是土壤性质有很大关系。据此也可以在一定程度上解释我国酸雨分布的区域性原因。

研究表明，在酸雨区和非酸雨区，阴离子浓度（$[SO_4^{2-}]+[NO_3^-]$）相差不大，但是阳离子浓度（$[Ca^{2+}]+[NH_4^+]+[K^+]$）相差却很大。这进一步说明了形成酸雨不仅取决于降水中的酸量，也取决于对酸起中和作用的碱的量。

2. 酸雨的形成过程

酸雨现象是大气化学过程和大气物理过程的综合效应。酸雨中含有多种无机酸和有机酸，其中绝大部分是硫酸和硝酸，多数情况下以硫酸为主。从污染源排放出来的 SO_2 和 NO_x 是形成酸雨的主要起始物，其形成过程为：

$$SO_2+[O] \longrightarrow SO_3$$

$$SO_3+H_2O \longrightarrow H_2SO_4$$

$$SO_2+H_2O \longrightarrow H_2SO_3$$

$$H_2SO_3+[O] \longrightarrow H_2SO_4$$

$$NO+[O] \longrightarrow NO_2$$

$$2NO_2+H_2O \longrightarrow HNO_3+HNO_2$$

式中，[O] 表示各种氧化剂。

大气中的 SO_2 和 NO_x 经氧化后溶于水形成硫酸、硝酸或亚硝酸，这是造成降水 pH 值降低的主要原因。此外，许多气态或固态物质进入大气对降水的 pH 值也会有影响。大气颗粒物中 Mn、Cu、V 等是酸性气体氧化的催化剂。大气光化学反应生成的 O_3 和 $HO_2\cdot$ 等又是使 SO_2 氧化的氧化剂。飞灰中的氧化钙、土壤中的碳酸钙、天然来源和人为来源的 NH_3 以及其他碱性物质都可把降水中的酸中和，对酸性降水起“缓冲作用”。当大气中酸性气体浓度高时，如果中和酸的碱性物质很多，即缓冲能力很强，降水就不会有很高的酸性，甚至可能成为碱性。在碱性土壤地区，如大气颗粒物浓度高时，往往会出现这种情况。相反，即使大气中 SO_2 和 NO_x 浓度不高，而碱性物质相对较少，则降水仍然会有较高的酸性。

由此可见，降水的酸度是酸和碱平衡的结果，如果降水中酸量大于碱量，就会形成酸雨。

3. 影响酸雨形成的因素

（1）酸性污染物的排放及其转化条件

从现有的监测数据来看，降水酸度的时空分布与大气中 SO_2 和降水中 SO_4^{2-} 浓度的时空分布存在着一定的相关性。这就是说，某地区 SO_2 污染严重，降水中 SO_4^{2-} 浓度就高，降水的 pH 值就低。如我国西南地区煤中含硫量高，并且很少经脱硫处理，就直接用作燃料燃烧，SO_2 排放量很高。再加上这个地区气温高、湿度大，有利于 SO_2 的变化，因此造成了大面积强酸性降雨区。

（2）大气中的氨

大气中的 NH_3 对酸雨形成是非常重要的。已有研究表明，降水 pH 值取决于硫酸、硝酸与NH_3以及碱性尘粒的相互关系。NH_3是大气中唯一的常见气态碱。由于它易溶于水，能对酸性气溶胶或雨水中的酸起中和作用，从而降低了雨水的酸度。在大气中，NH_3可以与大气中的二氧化硫、硫酸等生成中性的硫酸铵或硫酸氢铵，避免二氧化硫进一步转化成硫酸。美国有人根据雨水的分布提出，酸雨严重的地区正是酸性气体排放量大并且大气中NH_3含量少的地区。如表3-5所示。

大气中NH_3的来源主要是有机物分解和农田施用的含氮肥料的挥发。土壤中的NH_3挥发量随着土壤pH值的上升而增大。我国京津地区土壤pH值为7～8，而重庆、贵阳地区一般为5～6，这是大气中NH_3含量北高南低的重要原因之一。土壤偏酸性的地方，风沙扬尘的缓冲能力低。这两个因素合在一起，至少目前可以解释我国酸雨多发生在南方的分布状况。

表3-5 气态氨的测定结果

地区	地点	日期	NH_3/(μmol/L)	样品数
酸雨区	贵阳	1984年9月	1.7	16
	重庆	1984年9月	5.1	12
	成都	1985年9月	4.8	2
非酸雨区	北京	1984年7月	44	10
	天津	1984年7月	22.8	4

(3) 颗粒物酸度及其缓冲能力

酸雨不仅与大气中的酸性和碱性气体有关，同时也与大气中颗粒物的性质有关。大气中颗粒物的组成很复杂，主要来源于土地飞起的扬尘。扬尘的化学组成与土壤组成基本相同，因而颗粒物的酸碱性取决于土壤的性质。除土壤粒子外，大气颗粒物还有矿物燃料燃烧形成的飞灰、烟炱等。它们的酸碱性都会对酸雨有一定的影响。

颗粒物对酸雨的形成有两方面的作用，一是所含的金属可催化SO_2氧化成硫酸，二是对酸起中和作用。但如果颗粒物本身是酸性的，就不能起中和作用，而且还会成为酸的来源之一。目前我国大气颗粒物浓度普遍很高，为国外的几倍至几十倍，在酸雨研究中自然是不能忽视的。经过研究发现，北京颗粒物的缓冲能力大大高于西南地区，而酸雨弱的成都又高于酸雨重的贵阳和重庆。所以，非酸雨区颗粒物的pH值和缓冲能力均高于酸雨区。

(4) 天气形势的影响

如果气象条件和地形有利于污染物的扩散，则大气中污染物浓度降低，酸雨就减弱，反之则加重。一般来说，酸雨容易在温度高、湿度大的环境中形成，这是因为在这种条件下有利于SO_2和NO_x转化为H_2SO_4和HNO_3。风速也可以影响大气中污染物的浓度：当风速大时，大气层结不稳定，对流运动较强烈，污染物能够迅速扩散，使其浓度降低，酸雨就减弱；相反，当风速小时，大气层结比较稳定，容易出现逆温现象，污染物难以扩散，积聚在低层大气中，浓度增高，导致酸雨污染加重。风向的影响则表现在大气污染源的下风向出现酸雨，其上风向酸雨产生的机会大大减少。雷电不仅能使NO_x浓度增大，而且能加快SO_2和NO_x的氧化速度，因此，雷电多发区正是酸雨出现概率较大的地区。

4. 酸雨的危害

(1) 酸雨对水生生态系统的影响

酸雨可使土壤、湖泊、河流酸化。当河水或湖水的pH值降到5以下时，鱼的繁殖和发育就会受到严重影响。水体酸化还会导致水生生物的组成结构发生变化，耐酸的藻类和真菌增多；有根植物、细菌和无脊椎动物减少；有机物的分解率降低。

不仅酸性很强的水能够毒死鱼类，当强酸与土壤接触时，酸与铝的化合物迅速反应，把铝离子释放到水里，铝离子刺激鱼鳃产生一种保护黏液，可对鱼鳃的纤维产生一种物理性腐蚀，直至鱼窒息死亡。铝离子还可以被对浮游植物和其他水生植物起营养作用的磷酸盐所吸附，从而导致磷酸盐难以被生物吸收，其营养价值就会降低，并使赖以生存的水生生物的初级生产力降低。

另外，瑞典、加拿大和美国的一些研究揭示，在酸性水域，鱼体内 Hg 浓度很高，这些含有高浓度 Hg 的水生生物进入人体，通过生物积累和生物放大作用势必对人类健康带来潜在的有害影响。

(2) 酸雨对陆生生态系统的影响

酸雨对森林的危害可以分为四个阶段。第一阶段，酸雨增加了 S 和 N 元素，使树木生长呈现受益倾向。第二阶段，酸雨使土壤的中和能力下降，以及使 K、Ca、Mg、Al 等元素淋溶，使土壤贫瘠。第三阶段，土壤中的铝和重金属元素被活化，对树木生长产生毒害，当其根部的 Ca∶Al 小于 0.15 时，所溶出的 Al 具有毒性，抑制树木生长。而且酸性条件有利于病虫害扩散，危害树木，这时生态系统已失去恢复力。第四阶段，如遇到持续干旱等诱因，土壤酸化程度会加剧，就会引起树木根系严重枯萎，使树木死亡。

我国南方重酸区已出现一些严重的森林衰亡现象：重庆市郊地区 50%的松树枯死；峨眉山金顶冷杉的死亡率达 40%；浙江西天目山因酸雨的影响使大片的柳杉死亡；柳州市区和郊区的林木也出现较严重的酸雨危害。植物对酸雨反应最敏感的器官是叶片，叶片受损后会出现坏死斑、萎蔫、叶绿素含量降低、叶色发黄、褪绿、光合作用降低，使林木生长缓慢或死亡，农作物减产。同时，酸雨危害植物表皮及角质层，使植物的抗病虫害能力减弱。

(3) 酸雨对农作物的影响

土壤中的钙、镁等养分被酸溶解，导致土壤养分流失。酸化的土壤抑制了土壤微生物的活性，破坏了土壤微生物的正常生态群落，使有机物的分解减缓，土壤贫瘠，病虫害猖獗。

1982 年重庆市下了一场酸雨，市郊 1333hm^2 水稻叶片突然枯黄，好像火烤过一样，几天后局部枯死。美国和加拿大每年因酸雨造成的农业损失达 160 亿美元。

(4) 酸雨对材料、建筑和古迹的影响

酸雨对建筑物、艺术品和古迹影响严重，包括颜色的变化、锈斑的析出、材料耐久性的降低、破裂等。酸雨能腐蚀金属、石料、涂料等各类建筑材料，也包括通信电缆等材料。例如，我国故宫的汉白玉雕刻、雅典的巴特农神殿和罗马的图拉真凯旋柱正受到酸雨的侵蚀。

(5) 酸雨对人体身体健康的影响

酸雨一方面可以直接对人和动物的身体造成伤害，例如，雨雾的酸性对眼、咽喉和皮肤的刺激，会引起结膜炎、咽喉炎、皮炎等病症。

另一方面，酸雨对人体健康还可以产生间接影响。酸性气体引发人类呼吸系统的损伤疾病，酸污染严重的地区，呼吸系统疾病病人死亡率增大，老人、儿童的生命难以保障，即使普通人的身体也会遭到很大的损伤；饮用水的污染让人类面临生命之源的殆尽，地下水的酸化造成了土壤中和管道系统的金属溶出，使很多地区的重金属含量已接近临界范围。瑞典曾发生过儿童因饮用了含铜量高的酸性水而腹泻的事件。溶解在水中的有毒金属被水果、蔬菜和以酸化水灌溉的农作物及动物的组织吸收，逐渐累积起来，将经由食物链进入人体，严重影响人类的健康。例如，累积在动物器官和组织中的汞与脑损伤和神经混乱有关，铅与肾脏疾病有关。

5. 酸雨的控制措施

世界上酸雨最严重的欧洲和北美许多国家在遭受多年的酸雨危害之后，终于都认识到，大气无国界，防治酸雨是一个国际性的环境问题，不能依靠一个国家单独解决，必须共同采取对策，减少硫氧化物和氮氧化物的排放量。目前采用的酸雨的控制措施有以下几个方面。

（1）健全环境法规，控制工业污染源和汽车污染源的排放总量

制定严格的大气污染物排放标准，用法律手段促使排放源实施各种有效措施控制工业污染源大气污染物的排放量。美国、加拿大、德国、法国等工业发达国家都先后制定了防止酸雨、减少 SO_2 和 NO_x 排放量的法规，在减少 SO_2 和 NO_x 方面起了很大的作用。如美国禁止新建大型火力发电厂以及限制燃煤发电厂的排放量的做法，使美国 SO_2 的排放量减少了一半。

（2）调整能源结构，改进燃烧技术，从源头控制酸性气体的排放

为了减少酸雨形成源，须改变能源结构，增加无污染或少污染的能源比例，改变供热方式，大力开发并利用无污染能源，如风能、水能、太阳能等，发展太阳能、水能、风能、地热能等不产生酸雨污染的清洁能源。清洁能源的使用，可减少二氧化硫和氮氧化物等酸性气体的排放量，长期持续使用，对环保十分有利。用核电站来发电也可减缓酸雨的污染。用甲醇代替汽油，可降低 NO 的排放量。燃煤电厂等二氧化硫排放源，可通过逐步使用天然气等清洁能源，减少煤的使用量，改变供热方式，利用工厂的余热实行集中供热等方法来减少。餐饮服务行业必须使用燃油、燃气、电或者固硫煤及其他清洁能源，禁止原煤散烧；要安装油烟净化装置，并保证使用期间的正常运行，禁止排放未经净化处理的油烟；不得在露天燃用煤炭、木材加工食品。

（3）积极开发新型烟气脱硫脱硝技术，从末端控制酸性气体的排放

国家应大力发展研究新型锅炉及电厂的低能耗、低运行费用的烟气脱硫（FGD）技术及脱硝技术，从末端保证酸性气体的达标排放及达到总量控制要求。

（4）加强大气污染的监测和科学研究

我国于 2000 年 10 月正式加入了东亚酸沉降监测网常规阶段运行，正式拉开了酸沉降实质性防治工作国际间合作的序幕。建立大气及酸雨自动监测系统，配备网络及数据库系统，从而使环境管理者能随时监测大气中的 SO_2 和 NO_x 的浓度及其时空分布情况，了解酸雨的情况并预测其时空变化趋势，以便采取相应的对策。

（5）加大环境管理执法力度，严格控制污染物排放

取缔污染物排放量大的企业，使用锅炉的企业必须安装脱硫除尘设施，汽车要求安装尾气净化器，确保污染物达标排放。

（6）发挥舆论宣传的作用，促进全民共同参与加大宣传力度

促使全民从身边的小事做起，共同防治酸雨，如采取使用型煤、节约用电、使用清洁能源等措施来减少能源的消耗，从而降低 SO_2 和 NO_x 的排放。

四、温室效应

来自太阳各种波长的辐射，一部分在到达地面之前被大气反射回外空间或者被大气吸收

之后再辐射而返回外空间，另一部分直接到达地面或者通过大气而散射到地面。到达地面的辐射有少量短波长的紫外光、大量的可见光和长波红外光。这些辐射在被地面吸收之后，最终都以长波辐射的形式又返回外空间，从而维持地球的热平衡。

大气中许多组分对不同波长的辐射都有其特征吸收光谱，其中能够吸收长波长的主要有CO_2和水蒸气分子。水分子只能吸收波长为700～850nm和1100～1400nm的红外辐射，且吸收极弱，而对850～1100nm的辐射全无吸收。就是说水分子只能吸收一部分红外辐射，而且较弱。因而当地面吸收了来自太阳的辐射，转变成为热能，再以红外光向外辐射时，大气中的水分子只能截留一小部分红外光。大气中的CO_2虽然含量比水分子低得多，但它可强烈地吸收波长为1200～1630nm的红外辐射，因而它在大气中的存在对截留红外辐射能量影响较大，对于维持地球热平衡有重要的影响。

1. 温室效应

大气中的CO_2、CH_4等气体可以强烈吸收波长为1200～1630nm的红外辐射。这些气体如同温室的玻璃一样，它允许来自太阳的可见光射到地面，也能阻止地面重新辐射出来的红外光返回外空间。因此，这些气体起着单向过滤的作用，吸收了地球表面辐射出来的红外光，把能量截留于大气之中，从而使大气温度升高，这种现象称为温室效应。

正常的温室效应是有利于全球生态系统的。由于大气中温室效应的存在，地球表面的平均温度才能维持在15℃左右，特别适合于地球生命的延续；同时温室效应也和一些其他“制冷效应”机制相平衡，保持地球热量的平衡。但是，如果大气中引起温室效应的气体增多，使过多的能量保留在大气中而不能正常地向外空间辐射，就会使地球表面和大气的平衡温度升高，对整个地球的生态平衡产生巨大影响。

自1861年以来，二氧化碳等温室气体的排放逐年增加，大气的温室效应也随之增强，从而导致了全球气候变暖等一系列严重问题，引起了世界各国的关注。而且联合国政府间气候变化专门委员会（IPCC）的最新评估报告认为，由于人为温室气体排放的影响，未来气温将持续升高。温室气体浓度的持续增加，将使地球表面温度不断升高，进而导致极地冰川融化、海平面上升、全球气候变化异常等现象，对生态环境、人类社会活动及生命安全等都造成深远的影响。

2. 大气中具有温室效应的气体

能够引起温室效应的气体，称为温室气体。温室气体主要包括两种：一种是能吸收和发射红外辐射的气体，称为辐射活性气体，包括CO_2、CH_4、N_2O和卤代烃等寿命较长、在对流层中均匀混合的气体，也包括时空分布差异很大的O_3；另一种是不能或只能微弱地吸收和发射红外辐射，但可以通过化学转化来影响辐射活性气体浓度水平的气体，称为反应活性气体，包括NO_x、CO等。表3-6列出了大气中的一些温室气体。

表3-6 大气中具有温室效应的气体

气体	大气中体积分数/10^{-9}	年平均增长率/%
二氧化碳	344000	0.4
甲烷	1650	1.0
一氧化碳	304	0.25
二氯乙烷	0.13	7.0

续表

气体	大气中体积分数/10^{-9}	年平均增长率/%
臭氧	不定	—
CFC-11	0.23	5.0
CFC-12	0.4	5.0
四氯化碳	0.125	1.0

(1) 二氧化碳（CO_2）

CO_2是最重要的温室气体。它是一种无毒的气体，对人体无显著危害。在大气污染问题中，CO_2之所以引起人们普遍关注，是因为它能引起重大的全球性环境问题。

大气中 CO_2 的来源包括天然来源和人为来源。

CO_2的天然来源主要有：

① 海洋脱气：大气圈与水圈具有强烈的交换 CO_2的作用，海水中的 CO_2通常比大气圈高 60 余倍，约为 1.3×10^{14} t/a，据估计大约有 1×10^{11} t/a 的 CO_2在海洋和大气圈之间不停地交换。

② 甲烷转化：甲烷在平流层与氢氧自由基反应，最终被氧化成 CO_2。

③ 动植物呼吸、腐败作用以及生物质燃烧：植物从大气中摄取的 CO_2约有 1/3～1/2 经光合作用转化为有机物（CH_2O）$_x$，其余则经呼吸作用排入大气。另外，当自然界中的植物体，如树木、农业废弃物等作为燃料燃烧或腐败而自然氧化时，即从大气中吸收氧气，并将产生的 CO_2 排入大气：

$$(CH_2O)_x + xO_2 \longrightarrow xCO_2 + xH_2O$$

CO_2的人为来源主要是矿物燃料的燃烧。由矿物燃料燃烧排放到大气中的 CO_2在 1980 年约为 50 亿吨，之后持续增加，至 2004 年已超过 73 亿吨。一方面，由于人们对能源的利用量逐年增加，使大气中 CO_2的浓度逐渐增高；另一方面，由于人类大量砍伐森林、毁灭草原，使地球表面的植被日趋减少，以致降低了植物对 CO_2的吸收作用。目前全球大气 CO_2的浓度正在逐渐上升，图 3-7 就是大气中 CO_2的浓度升高的例子。

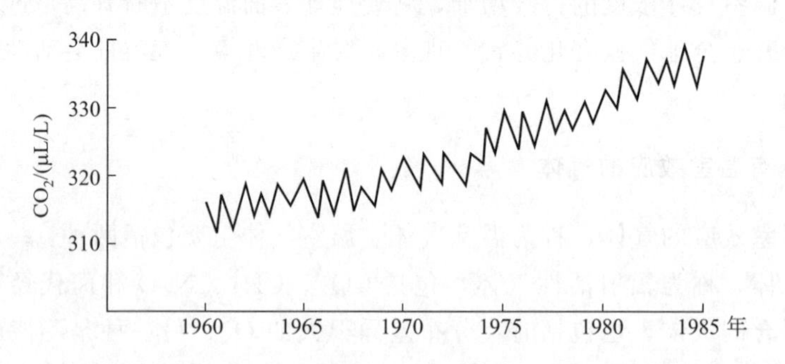

图 3-7 Mauna Loa 岛本底站测定的大气中 CO_2 的浓度变化

从 CO_2的全球循环看（图 3-8），由人类活动产生的额外的 CO_2只有三条被吸收的途径：一是进入海洋，使海水酸化；二是进入生物圈；三是停留在大气圈，增加大气 CO_2储库含量。经许多研究表明，人为产生的这部分额外的 CO_2对生物圈及海洋的 pH 值影响都不大，受影响最大的是大气圈本身，主要表现为对全球气候的影响。

(2) 甲烷（CH_4）

甲烷在大气中的浓度仅次于 CO_2，也是一种重要的温室气体，其温室效应比 CO_2大 20

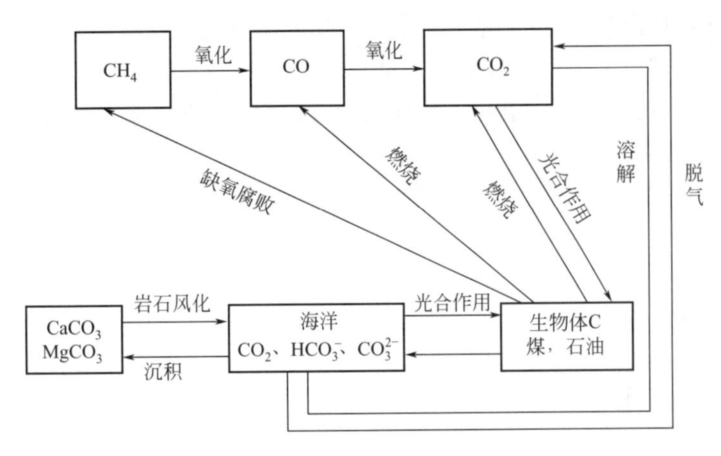

图 3-8 CO_2 的全球循环

倍。它与 CO_2 一样，也是一种长寿命的温室效应气体。大气 CH_4 浓度的增加，一方面，将通过辐射过程直接引起气候变化；另一方面，CH_4 是一种化学活性物质，它的增加将会引起许多大气化学过程的变化，并对大气中的其他化学成分产生影响，从而间接地引起气候变化。因此，大气 CH_4 浓度的不断增加，引起了各国科学家的广泛重视。而对大气 CH_4 排放源和汇的研究有助于正确估算大气 CH_4 的浓度，为制定减排措施提供科学依据。

甲烷的主要天然来源是厌氧细菌的发酵过程，如沼泽、泥塘、湿冻土带、水稻田底部、牲畜反刍等，占总排放量的 30%，源强为 5.13×10^6 t/a。人为源是化石燃料的使用、垃圾填埋厂释放的相当量的甲烷等。即：

$$2[CH_2O]\xrightarrow{\text{厌氧菌}}CO_2+CH_4$$

甲烷汇的机制包括与 OH· 反应转化为 CO、CO_2，或向平流层扩散，起到终止 Cl· 链反应的作用。即：

$$CH_4+Cl\cdot\longrightarrow CH_3\cdot+HCl$$

甲烷的环境浓度从 100 年前的 0.7×10^{-6}（体积分数），升高到目前的 1.65×10^{-6}（体积分数），近 20 年增长率为 1%。其中 70%源于直接排放，30%源于 OH· 的减少。

（3）氯氟烃（CFCs）

氯氟烃也对温室效应的产生有重要作用，是一种温室气体。

氯氟烃是 20 世纪 30 年代初发明并且开始使用的，是一种人造的含有氯、氟元素的碳氢化学物质，主要有 CFC-11（$CFCl_3$）、CFC-12（CF_2Cl_2）等，它们完全来自人为排放（工业源排放为主）。由于执行蒙特利尔议定书及其修订案，从 1995 年开始，许多氟氯烃化合物和其他受控卤代烃化合物在大气中的浓度增长很慢甚至下降。

它们在人类的生产和生活中还有不少的用途。在一般条件下，氯氟烃的化学性质很稳定，在很低的温度下会蒸发，因此是冰箱冷冻机的理想制冷剂。它们还可以用来作罐装发胶、杀虫剂的气雾剂。另外电视机、计算机等电器产品的印刷线路板的清洗也离不开它们。氯氟烃的另一大用途是作塑料泡沫材料的发泡剂，日常生活中许许多多的地方都要用到泡沫塑料，如冰箱的隔热层、家用电器减震包装材料等。

（4）对流层臭氧（O_3）

臭氧的作用也与其在大气层中所处的高度密切相关，具有温室效应的臭氧是指地表附近对流层中的臭氧。对流层中的臭氧是一种短生命期的温室气体，主要通过大气光化学反应产生和损耗。自1975年以来，对流层中臭氧总量增加了36%，这主要是因为一些人为排放的化合物（如甲烷、氮氧化物、一氧化碳和挥发性有机物）增加，破坏了原有的光化学反应平衡，导致对流层中臭氧浓度上升。

3. 温室效应的评估

来自太阳的辐射，在穿过外层空间和大气层，最终到达地球表面的过程中，会被大气中的成分吸收或散射掉，如紫外光主要被平流层中的臭氧吸收，而近红外光（波长约在0.8～3μm之间）的吸收则主要是O_3、H_2O、O_2和CO_2的贡献（见图3-9）。这些物质对近红外线的吸收是全球变暖的机制之一。

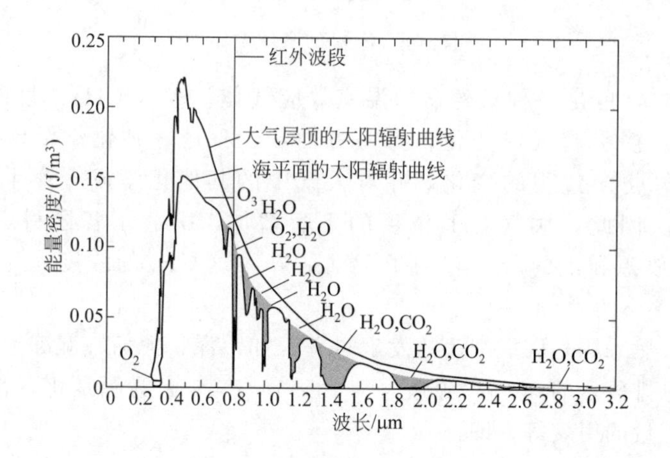

图3-9 太阳辐射波长与强度及到达地面后的波长与强度

太阳光到达地球表面后会被地球吸收并转换为热量，并以远红外长波辐射（波长约大于7μm）的形式向外辐射，这些远红外长波辐射极易被地球大气中的水汽和CO_2、CH_4等微量气体吸收，从而减少了地表热量向宇宙空间的扩散，这就是所谓的温室效应（见图3-10）。能够导致温室效应的气体统称为温室气体。如果温室气体在大气中的含量增加，就会使散失的能量减少，地球能量收支平衡就偏向正的一方，因而地球就变得越来越暖和。全球变暖的危害是众所周知的，如海平面上升、降水格局发生变化、气候灾害事件频发、厄尔尼诺现象加剧等。因此，了解气体的红外活性是了解气体温室效应的基础，对于控制全球变暖也是至关重要的。

五、臭氧层破坏

臭氧层存在于对流层上面的平流层中，主要分布在距地面10～50km范围内，浓度峰值在20～25km处。臭氧层对地球上生命的出现、发展以及维持地球上的生态平衡起着重要作用。平流层臭氧层破坏是一个全球性的环境问题。

臭氧挡住了波长在0.28μm以下的太阳光到达地球表面。它是大气中唯一在这个波长范围具有显著吸收的组分。如果臭氧层消失了，大量波长在0.2～0.28μm的紫外光将到达地球表面。如果高能量的光子到达地球表面，将会引起接触表面的化学反应，包括人体皮肤，导致人类皮肤癌的发病率上升。因此，平流层的臭氧是重要的紫外屏障。

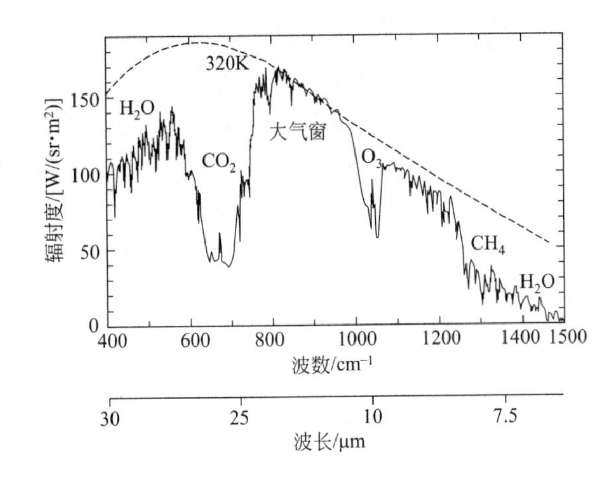

图 3-10 地球辐射波长与强度以及大气组分对地球辐射的吸收
（虚线为温度为 320K 的黑体辐射曲线）

1. 臭氧层形成与耗损机理

由于臭氧层能够吸收 99％以上来自太阳的紫外辐射，从而保护了地球上的生物不受其伤害。然而随着现代技术的发展，人们的活动范围已进入了平流层，并且影响到了平流层的大气化学过程。例如：超音速飞机的出现，它向平流层中排放水蒸气、氯氧化物等污染物；制冷剂、喷雾剂等惰性物质的广泛应用，会使这些物质长时间的滞留在对流层中，在一定条件下，会进入平流层而起到破坏臭氧层的作用。

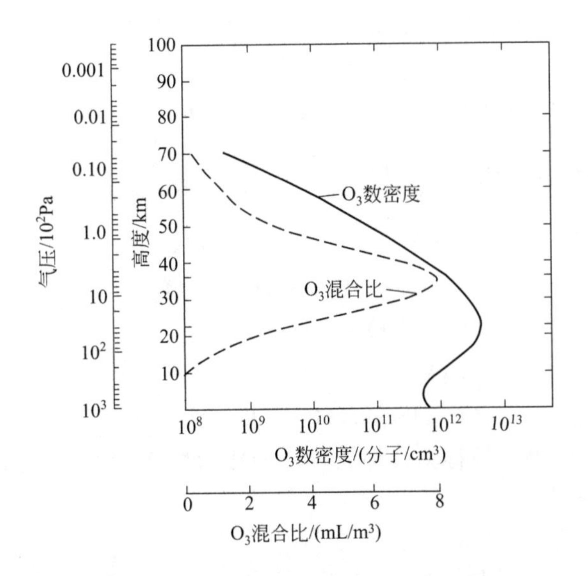

图 3-11 大气 O_3 浓度廓线（Seinfeld）

图 3-11 中表示的是大气层臭氧的垂直剖面，实线为 O_3 数密度，以分子/cm^3 表示，虚线为 O_3 的混合比，以 mL/m^3 表示。两条线变化规律不同，因此不重合。

（1）臭氧层形成与损耗的天然途径

平流层中的臭氧来源于平流层中 O_2 的光解：

$$O_2 + h\nu \longrightarrow 2O\cdot \qquad (\lambda \leqslant 243nm)$$

$$2O\cdot + 2O_2 + M \longrightarrow 2O_3 + M$$

总反应为

$$3O_2 + h\nu \longrightarrow 2O_3$$

臭氧层的消除过程，其一为光解，主要是吸收 $210nm < \lambda < 290nm$ 的紫外光：

$$O_3 + h\nu \longrightarrow O_2 + O\cdot$$

该过程是臭氧层能够吸收来自太阳的紫外辐射的根本原因。由于产生的O·很快就会与 O_2 反应，重新形成 O_3，因此，这种消除途径并不能使 O_3 真正被消除。能够使平流层 O_3 真正被消除的反应为 O_3 与O·的反应：

$$O_3 + O\cdot \longrightarrow 2O_2$$

上述生成和消除的过程同时存在，正常情况下它们处于动态平衡，因而臭氧的浓度保持恒定。然而，由于人类活动的影响，水蒸气、氮氧化物、氟氯烃等污染物进入平流层，它们能加速臭氧的消除过程，破坏臭氧层的稳定状态。这些污染物在 O_3 耗损过程中可起催化作用。

（2）臭氧层形成与损耗的人为途径

臭氧的人为来源为汽车尾气排放的氮氧化物，复印机、高压电线释放物等，这些物质在一定条件下都可以形成臭氧。其中之一为 NO_2 的光化学过程：

$$NO_2 + h\nu \longrightarrow NO + O\cdot$$

$$O\cdot + O_2 + M \longrightarrow O_3 + M$$

而臭氧的另一个损耗过程为 O_3 生成的逆反应：

$$O_3 + O\cdot \longrightarrow 2O_2$$

上述过程中，臭氧的形成与损耗同时进行，当臭氧没有被污染时，臭氧的浓度处于动态平衡，保持恒定。但是，人类排放的水蒸气、NO_x 等污染物质进入平流层后，能加速臭氧的损耗过程，破坏臭氧层的稳定状态，导致臭氧层变薄。

2. 导致臭氧层破坏的催化反应过程

假定可催化 O_3 分解的物质为Y，它可使 O_3 转变成 O_2，而Y本身不变。

$$O_3 + Y \longrightarrow YO\cdot + O_2$$

$$O\cdot + YO\cdot \longrightarrow Y + O_2$$

总反应

$$O_3 + O\cdot \longrightarrow 2O_2$$

已知的Y物种有 NO_x（NO、NO_2）、HO_x（H、HO·、HO_2·）、ClO_x（Cl、ClO·）。这些直接参加破坏 O_3 的物种被称为活性物种或催化活性物种。这些活性物种的来源及其破坏 O_3 的反应具体如下：

（1）NO_x

平流层中NO、NO_2 的主要天然来源是 N_2O 的氧化。N_2O 是无色气体，是对流层中含量最高的含氮化合物，主要来自土壤中硝酸盐的脱氮和铵盐的硝化。因此天然来源是其产生的主要途径。由于 N_2O 不溶于水，在对流层中比较稳定，停留时间长，因此，可以通过扩散作用进入平流层。

$$N_2O + O\cdot \longrightarrow 2NO$$

$$NO + O_3 \longrightarrow NO_2 + O_2$$

$$NO_2 + O\cdot \longrightarrow NO + O_2$$

此外，超音速飞机可排放 NO，这是平流层中 NO_x 的人为来源。它们破坏臭氧层的机理为：

$$NO + O_3 \longrightarrow NO_2 + O_2$$

$$NO_2 + O\cdot \longrightarrow NO + O_2$$

总反应 $$O_3 + O\cdot \longrightarrow 2O_2$$

（2）HO_x

平流层中的 HO_x 主要是由 H_2O、CH_4 或 H_2 与 O・反应而生成的：

$$H_2O + O\cdot \longrightarrow 2HO\cdot$$

$$CH_4 + O\cdot \longrightarrow \cdot CH_3 + HO\cdot$$

$$H_2 + O\cdot \longrightarrow \cdot H + HO\cdot$$

这些物质损耗 O_3 的机理为：

$$HO\cdot + O_3 \longrightarrow HO_2\cdot + O_2$$

$$HO_2\cdot + O\cdot \longrightarrow HO\cdot + O_2$$

总反应 $$O_3 + O\cdot \longrightarrow 2O_2$$

（3）ClO_x

平流层中 ClO_x 的天然来源是海洋生物产生的 CH_3Cl：

$$CH_3Cl + h\nu \longrightarrow \cdot CH_3 + \cdot Cl$$

这个过程产生的・Cl 量很少，对 O_3 的破坏贡献不大。

ClO_x 的人为来源是制冷剂（主要来源），如 CFC-11($CFCl_3$) 和 CFC-12(CF_2Cl_2) 等氯氟烃，它们在波长 175～220nm 的紫外光照射下会产生・Cl：

$$CFCl_3 + h\nu \longrightarrow \cdot CFCl_2 + \cdot Cl$$

$$CF_2Cl_2 + h\nu \longrightarrow \cdot CF_2Cl + \cdot Cl$$

光解产生的・Cl 可以破坏 O_3：

$$\cdot Cl + O_3 \longrightarrow ClO\cdot + O_2$$

$$ClO\cdot + O\cdot \longrightarrow \cdot Cl + O_2$$

总反应 $$O_3 + O\cdot \longrightarrow 2O_2$$

3. 臭氧层空洞的危害及其防治

早在 1983 年前后，科学家通过气球和气象卫星的监测，首次发现南极上空的臭氧层空洞，1986 年又在北极上空发现臭氧薄层区和空洞。接下来又有更多报道显示，薄层区还在扩大，日益迫近人类密集的中纬度地区，包括美洲、欧洲和亚洲等各国上空。世界气象组织专家布拉森在日内瓦说，南极上空 2007 年再次出现臭氧层空洞，但面积与 2006 相比有所减小。布拉森说，臭氧层空洞位于南极地区上空海拔 25km 的平流层，面积约为 2300 万平方千米，而 2006 的臭氧层空洞曾达到 2950 万平方千米。专家分析说，空洞面积减小可能与这一地区 2007 年全年的气温偏高有关。

关于南极“臭氧层空洞”的成因近年来曾有过几种论点。美国宇航局弗吉尼亚州汉普顿芝利中心 Callis 等提出南极臭氧层的破坏与强烈的太阳活动有关的太阳活动学说；麻省理工学院 Tung 等人认为是南极存在独特的大气环境造成冬末春初臭氧耗竭，提出了大气动力学学说；此外，人们普遍认为大量氟氯烃化合物的使用和排放是造成臭氧层破坏的主要原因。

有关研究表明，臭氧层空洞是由其所在的平流层温度降低以及化学污染导致的。20 世纪 80 年代科学家首次发现臭氧层空洞，随后制定的《蒙特利尔议定书》要求各国减少对氟利昂等制冷剂的使用，以保护臭氧层。经研究人员对臭氧层的破坏进程所做的长期观测和分析，发现了很多规律性现象：臭氧层上部（距地面 30km 以上）的损耗比下部严重；地球中、高纬度区上空的损耗比其他地区严重，尤其以两极地为甚；此外，与南极相比，北极上空臭氧的耗损程度略小些。当前臭氧层的逐渐衰竭或消失会引起太阳紫外光直贯地面，从而对人、动植物乃至自然生态系统产生极大危害。强烈的紫外光照射会使人患上白内障等眼疾甚至失明，人体的免疫功能也会衰退，因而滋生包括皮肤癌在内的各种疾病；对植物来说，光合作用将受到抑制，抵抗环境污染物的能力变差，粮食作物的产量和质量由此下降；生活在海洋浅层的浮游生物和鱼苗也会因受到强烈辐射而退出水生王国，水生生态系统遭到扰乱和破坏。

如何保护臭氧层，最方便有效的方法就是尽快停止生产和使用氯氟烃和哈龙。20 世纪末期，此类物质在全世界的消耗量，美国占 28.6%，欧洲共同体占 30.6%，日本占 7%，苏联和东欧占 14%，发展中国家总量占 14%，其中我国消耗量尚不足 2%。因此，保护臭氧层使人类健康免受危害，发达国家应尽更多义务。从人口意义上讲，臭氧层破坏，受害最多的是发展中国家，尤其是我国。1985 年 8 月，美国、苏联、日本、加拿大等 20 多个国家签署了《保护臭氧层维也纳公约》，并且有 30 多个国家签署了该公约的《关于臭氧层物质的蒙特利尔协议书》。该协议书规定，签字国在 20 世纪末把氯氟烃使用量减少到 1986 年的一半。欧洲共同体 12 国同意 20 世纪末完全停止使用氯氟烃，比利时、葡萄牙则宣布禁止生产。自协议签订以来，在世界各国的共同努力下，全球氟氯烃的使用受到了很好的控制。有研究者发现，近年来南极上空稀薄臭氧层开始愈合。科学家表示，相比于 2000 年，2015 年 9 月该空洞面积约小了 400 万平方千米。这些成果被认为是破坏臭氧的化学物质长期逐步淘汰的结果，蒙特利尔协议正在产生效果。然而，臭氧层的问题仍然严峻，人们必须研究新的代用品和技术才能保证臭氧层的持续恢复。人类对臭氧层的保护仍然是一项十分艰巨的任务。

六、气溶胶污染

大气是由各种固体或液体微粒均匀地分散在空气中形成的一个相对稳定的庞大的分散体系。它也可称为气溶胶体系。气溶胶体系中分散的各种粒子称为大气颗粒物。它们可以是无机物，也可以是有机物，或者由两者共同组成；可以是无生命的，也可以是有生命的；可以是固态，也可以是液态。

大气颗粒物是大气的一个组分。饱和水蒸气以大气颗粒物为核心形成云、雾、雨、雪等，参与了大气降水过程。同时，大气中的一些有毒物质绝大部分都存在于大气颗粒物中，并可通过人的呼吸过程吸入人体内而危害人体健康。它也是大气中一些污染物的载体或反应床，因而对大气中污染物的迁移转化过程有明显的影响。

在清洁大气中，大气颗粒物很少，而且是无毒的。在污染大气中，大气颗粒物也属于污染物之列，其中许多是有毒的。当气溶胶粒子通过呼吸道进入人体时，部分粒子可以附着在呼吸道上，甚至进入肺部沉积下来，直接影响人的呼吸，危害人体健康。因此，人们越来越重视对污染大气中的气溶胶的研究。习惯上，“大气气溶胶”和“大气颗粒物”这两个概念是通用的。

1. 气溶胶的化学组成

大气气溶胶粒子的化学组成十分复杂，已发现含70多种元素或化合物。气溶胶的组成与其来源、粒径大小有关；此外，还与地点和季节等有关。例如，来自地表土以及由污染源直接排入大气中的粉尘往往含有大量的Fe、Al、Si、Na、Mg、Cl等元素，来自二次污染物的气溶胶粒子则含有硫酸盐、铵盐和有机物等。又如，硫酸盐气溶胶粒子多居于积聚模，而地壳组成元素（如Si、Ca、Al、Fe等）主要存在于粗粒子模中。

气溶胶的化学组成按重要性顺序排列有硫酸盐，苯溶有机物，硝酸盐，铁、锰等少量其他金属元素等。对于大陆性气溶胶，与人类活动密切相关的化学成分可归纳为三类：离子成分（硫酸及硫酸盐粒子、硝酸及硝酸盐粒子）、痕量元素成分和有机物成分。按照组成，可以将气溶胶粒子划分为两大类，一般将只含有无机成分的颗粒物叫作无机颗粒物，而将含有有机成分的颗粒物叫作有机颗粒物。有机颗粒物可以是由有机物质凝聚而形成的颗粒物，也可以是由有机物质吸附在其他颗粒物上所形成的颗粒物。

（1）无机颗粒物

无机颗粒物的成分是由颗粒物形成过程决定的。天然来源的无机颗粒物，例如：扬尘的成分主要是该地区的土壤粒子；火山爆发所喷出的火山灰，除主要由硅和氧组成的岩石粉末外，还含有一些如锌、锑、硒、锰、铁等元素的化合物；海盐溅沫所释放出来的颗粒物，其成分主要有氯化钠离子、硫酸盐粒子，还会含有一些镁化合物。

人为来源释放出来的无机颗粒物，例如：动力发电厂由于燃煤及石油而排放出来的颗粒物，其成分除大量的烟尘外，还含有铍、镍、钒等的化合物；市政焚烧炉会排放出砷、铍、镉、铬、铜、铁、汞、镁、锰、镍、铅、锑、钛、钒和锌等的化合物；汽车尾气中则会含有大量的铅。

① 硫酸及硫酸盐颗粒物　硫酸主要是由污染源排放出来的SO_2氧化后溶于水而生成的。硫酸再与大气中的NH_3化合生成$(NH_4)_2SO_4$颗粒物。硫酸也可以与大气中其他金属离子化合生成各种硫酸盐颗粒物。陆地颗粒物中SO_4^{2-}的平均含量为15%～25%，而海洋颗粒物中SO_4^{2-}含量可达30%～60%。大多数陆地性颗粒物具有的共同特点是：95%的SO_4^{2-}和96.5%的NH_4^+都集中在积聚模中，而且SO_4^{2-}和NH_4^+的粒径分布也没有明显的差别。硫酸盐颗粒物的粒径小，在大气中飘浮，对太阳光能产生散射和吸收作用，使大气能见度降低。

② 硝酸及硝酸盐颗粒物　大气中的NO易被氧化形成NO_2和N_2O_5等含氮化合物，进而和水蒸气形成HNO_2和HNO_3。由于它们比硫酸容易挥发，因而很难形成凝聚状的硝酸（迅速挥发成分子态），HNO_3多以气态形式存在于大气中，除在硝酸的污染源附近外，几乎不以HNO_3颗粒物形式存在。硝酸一般经过以下反应形成低挥发性的硝酸盐：

$$NH_3 + HNO_3 \longrightarrow NH_4NO_3(s)$$

然后再发生成核和凝结生长作用形成颗粒物。

氮氧化物在空气中也可被水滴吸收，并被水中的O_2或O_3氧化成NO_3^-，如果有NH_4^+存在，则可促进氮氧化物的溶解，增加硝酸盐颗粒物的形成速率。

（2）有机颗粒物

有机颗粒物的粒径一般在0～10μm，其中大部分是2μm以下的细粒子。有机颗粒物种类繁多，结构也极其复杂，包括烷烃、烯烃、芳香烃和多环芳烃等各种烃类。此外，还含有少量的亚硝胺、氮杂环类、环酮、醌类、酚类和有机酸等。

有机物的一次颗粒物主要来自煤和石油的燃烧过程。煤和石油在不完全燃烧时，部分碳氢化合物发生高温分解，产物包括 C_2H_2 和 1,3-C_4H_6；在 400～500℃时进行高温合成，形成多环芳烃化合物，如芘、蒽、菲、苯并［*a*］芘、苯并蒽等，同时还排出一些低级烃、醛等有机物。大气中气体有机物通过化学转化形成二次颗粒物的速率较慢，一般小于 2%/h，二次产物都是含氧有机物。

2. 气溶胶成核过程

以硫酸或硫酸盐气溶胶的形成过程为例说明：

（1）SO_2 气体的氧化过程

$$SO_2(g) \xrightarrow{h\nu、O_2、H_2O} H_2SO_4(g)$$

（2）气相中的成核过程

$$H_2SO_4(g) + H_2O(g) \longrightarrow \underset{\text{(形成的是液相硫酸雾核)}}{mH_2SO_4 \cdot nH_2O}$$

在过饱和的 H_2SO_4 蒸气中，由于分子热运动碰撞而使分子互相合并成核，形成液相的硫酸雾核。它的粒径大约是几个埃。硫酸雾核的生成速率，取决于硫酸的蒸气压和相对湿度。

（3）粒子成长过程

$$\underset{\text{(液相硫酸雾核)}}{mH_2SO_4 \cdot nH_2O} \longrightarrow \underset{\text{粒子(液体)}}{H_2SO_4} \xrightarrow{\text{其他气体、固体微粒}} \underset{\text{(固体)}}{\text{硫酸盐粒子}}$$

硫酸粒子通过布朗运动逐渐凝结长大。如果与其他污染气体（如氨、有机蒸气、农药等）碰撞，或被吸附在空气中固体颗粒物的表面，与颗粒物中的碱性物质发生化学变化，生成硫酸盐气溶胶。

3. 气溶胶的危害

气溶胶的危害主要表现在对人体的影响。降尘在空中停留时间短，不易吸入，故危害不大。可被吸入的飘尘因粒径不同而滞留在呼吸道的不同部位，大于 5μm 的，多滞留在上呼吸道，小于 5μm 的多滞留在细支气管和肺泡。进入呼吸道的飘尘往往和二氧化硫、二氧化氮产生联合作用，损伤黏膜、肺泡，引起支气管和肺部炎症，长期作用导致心肺病，死亡率增高。

侵入人体深部组织的粒子，其因化学组成不同而对健康产生不同的危害。例如：硫酸雾侵入肺泡引起肺水肿和肺硬化而导致死亡，故硫酸雾的毒性比气体 SO_2 的毒性要高 10 倍以上；含有重金属的颗粒物会造成人体重金属的累积性慢性中毒，特别是某些气溶胶粒子，如焦油蒸气、煤烟、汽车排气等常含有多环芳烃类化合物，进入人体后可能造成组织的癌变。细粒子的危害较大不仅表现在可吸入性上，还由于有毒污染物在细粒子的含量大大高于粗粒子。例如，北京大气颗粒物的成分测定结果表明，多环芳烃的 90%集中在 3μm 以下的颗粒物中。

此外，气溶胶粒子具有对光的散射和吸收作用，特别是 0.1～1μm 粒径范围的粒子（燃烧、工业排放和二次气溶胶）与可见光的波长相近，对可见光的散射作用十分强烈，是造成大气能见度降低的重要原因，给交通和城市景观带来不利影响。由于大气颗粒物的化学组成复杂，具有不同的粒度谱分布，因此颗粒物对太阳光具有不同的效应，如吸收、散射作用，影响地球的热平衡和对云的成核作用，从而对气候产生直接或间接影响。

4. 气溶胶的来源与消除

(1) 气溶胶粒子的来源

气溶胶粒子的来源可以分为天然来源和人为来源两种。直接由污染源排放出来的称为一次气溶胶粒子。大气中某些污染组分之间，或这些组分与大气成分之间发生反应而产生的称为二次气溶胶粒子。二次气溶胶粒子的粒径范围一般在 0.01～1μm。

天然来源如地面扬尘，海浪溅出的浪沫，火山爆发所释放出来的火山灰，森林火灾的燃烧产物，宇宙陨星尘以及植物的花粉、孢子等。人为来源主要是燃料燃烧过程中形成的煤烟、飞灰等，各种工业生产过程排放出来的原料或产品微粒，汽车排放出来的含铅化合物，以及矿物燃料燃烧排放出来的 SO_2 在一定条件下转化为的硫酸盐粒子等。

气溶胶粒子的排放情况见表 3-7。天然排放量是人为排放量的两倍多。一方面，随着工业的不断发展，人类的各种活动越来越占主导地位，以致在气溶胶粒子的来源中，人为源所占比例逐年增加。另一方面，由天然源和人为源排出的 H_2S、NH_3、SO_2、NO_x、HC 等气体污染物转化成的二次气溶胶粒子每年达 5.2×10^8～14.35×10^8t，约占全球每年排放气溶胶总量的 54%～71%。其中细颗粒的 80%～90% 都是二次气溶胶粒子，对大气质量的影响甚大。

表 3-7　气溶胶全球排放量及来源分配

分类	来源	排放量/(10^8t/a)
天然来源	风沙	0.5～2.5
	森林火灾	0.01～0.5
	海盐粒子	3.0
	火山灰	0.25～1.5
	H_2S、NH_3、NO_x、HC 的转化	3.45～11.0(二次气溶胶)
	小计	7.21～15.5
人为来源	砂石(农业活动)	0.5～2.5
	露天燃烧	0.02～1.0
	直接排放	0.1～0.9
	SO_2、NO_x、HC 的转化	1.75～3.35(二次气溶胶)
	小计	2.37～7.75
总计		9.58～23.25

(2) 气溶胶粒子的消除

大气气溶胶粒子的消除与颗粒物的粒度、化学性质密切相关。通常有两种消除方式：干沉降和湿沉降。

① 干沉降　干沉降是指颗粒物在重力作用下的沉降，或与其他物体碰撞后发生的沉降。这种沉降存在着两种机制。一种是通过重力对颗粒物的作用，使其降落在土壤、水体的表面或植物、建筑物等物体上。沉降的速度与颗粒物的粒径、密度、空气运动黏滞系数等有关。粒子的沉降速度可应用斯托克斯定律求出：

$$v=\frac{gd^2(\rho_1-\rho_2)}{1.8\eta}$$

式中　v——沉降速度，cm/s；

g——重力加速度，cm/s^2；

d——粒径，cm；

ρ_1、ρ_2——颗粒物和空气的密度，g/cm^3；

η——空气黏度，Pa·s。

由此可见，粒径越大，扩散系数和沉降速度也越大。表 3-8 列出了用斯托克斯定律计算的密度为 1g/cm^3 的不同粒径颗粒物的沉降速度。

表 3-8 不同粒径颗粒物的沉降速度

颗粒直径/μm	沉降速度/(cm/s)	到达地面所需时间
0.1	8×10^{-5}	2～13a
1	4×10^{-3}	13～98a
10	0.3	4～9h
100	30	3～18min

另一种沉降机制是粒径小于 0.1μm 的颗粒，即爱根核模粒子。它们靠布朗运动扩散，相互碰撞而凝聚成较大的颗粒，通过大气湍流扩散到地面或相互碰撞而去除。

② 湿沉降　湿沉降是指通过降雨、降雪等使颗粒物从大气中去除的过程。它是去除大气颗粒物和痕量气态污染物的有效方法。湿沉降可分雨除和冲刷两种机制。雨除是指一些颗粒物可作为形成云的凝结核，成为雨滴的中心，通过凝结过程和碰撞过程使其增大为雨滴，进一步长大而形成雨降落到地面，颗粒物也就随之从大气中被去除。雨除对半径小于 1μm 的颗粒物的去除效率较高，特别是具有吸湿性和可溶性的颗粒物更明显。冲刷则是降雨时在云下面的颗粒物与降下来的雨滴发生惯性碰撞或扩散、吸附过程，从而使颗粒物去除。冲刷对半径为 4μm 以上的颗粒物的去除效率较高。

一般通过湿沉降去除大气中颗粒物的量约占总量的 80%～90%，而干沉降只有 10%～20%。但是，不论雨除或冲刷，对半径为 2μm 左右的颗粒物都没有明显的去除作用。因而它们可随气流被输送到几百千米甚至上千千米以外的地方去，造成大范围的污染。

知识自测

1. 大气层的结构是怎样的？每一层有什么特点？
2. 大气中有哪些重要污染物？说明其主要来源和消除途径。
3. 影响大气中污染物迁移的主要因素是什么？
4. 大气中有哪些重要自由基？其来源如何？
5. 大气中有哪些重要含氮化合物？说明它们的天然来源和人为来源及对环境的污染。
6. 解释光化学烟雾的日变化曲线图。简述伦敦型烟雾（硫酸烟雾）与洛杉矶型烟雾（光化学烟雾）的形成条件。
7. 说明酸雨形成的原因；确定酸雨 pH 界限的依据是什么？
8. 什么是温室效应？大气中有哪些温室气体？
9. 说明臭氧层破坏的原因和机理。
10. 何为大气颗粒物三模态？如何识别各种粒子模？气溶胶的来源和消除方式是什么？
11. 你认为要打赢蓝天保卫战，我们应该付出什么努力？

技能训练
环境空气中SO_2液相氧化模拟

一、实验目的

（1）了解SO_2液相氧化的过程。

（2）掌握pH法间接考察SO_2液相氧化过程的方法。

二、实验原理

SO_2液相氧化的过程是大气降水酸化的主要途径。首先，SO_2溶解于水中并发生一级和二级电离，生成$SO_2 \cdot H_2O$、HSO_3^-、SO_3^{2-}及H^+。溶解总硫的存在形式不仅与SO_2浓度有关，也与液相pH值有关（见图3-12）。一般条件下，典型大气液滴的pH值为2～6，此时HSO_3^-为溶解硫的主要存在形式。然后，溶解态的S(Ⅳ)被氧化为S(Ⅵ)，常见的液相氧化剂包括O_2、O_3、H_2O_2和自由基等，其中溶解在水中的氧气是最常见也是最主要的氧化剂。在SO_2被O_2氧化的过程中，Fe(Ⅲ)和Mn(Ⅱ)都可以起到催化剂的作用。

$$Mn^{2+} + SO_2 = MnSO_2^{2+}$$

$$2MnSO_2^{2+} + O_2 = 2MnSO_3^{2+}$$

$$MnSO_3^{2+} + H_2O = Mn^{2+} + 2H^+ + SO_4^{2-}$$

总反应为：

$$2SO_2 + 2H_2O + O_2 = 2SO_4^{2-} + 4H^+$$

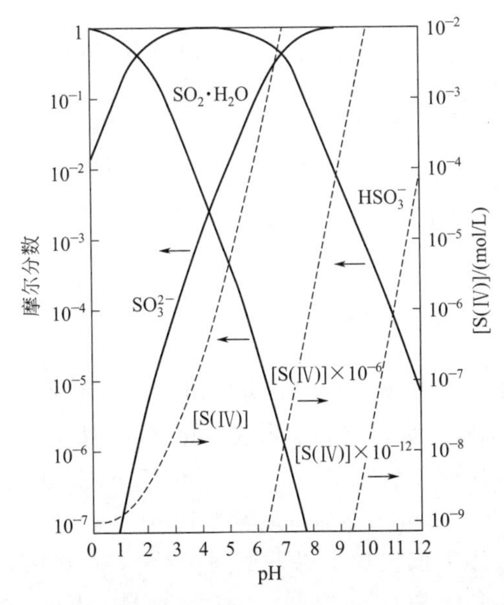

图3-12 可溶态硫(Ⅳ)的浓度和摩尔分数与pH值的关系

水中的Fe(Ⅲ)和Mn(Ⅱ)主要来源于大气中的尘埃等各种杂质。

由于大气液滴中的S(Ⅳ)主要以HSO_3^-的形式存在，因此在本实验中以Na_2SO_3溶液代替吸收了SO_2的液滴，模拟研究不同条件下S(Ⅳ）的液相氧化过程。由于在SO_3^{2-}被氧化为SO_4^{2-}的过程中，溶液的H^+浓度增加，pH值下降，因此本实验通过测定溶液的pH值变化，估算SO_2的液相氧化速率。同时添加不同催化剂，比较不同催化剂的催化效果。在本实验中，分别用$MnSO_4$模拟Mn(Ⅱ)，用$NH_4Fe(SO_4)_2$模拟Fe(Ⅲ)，用降尘和煤灰模拟实际大气液滴中的尘埃等各种杂质。

三、仪器与试剂

1. 仪器

（1）精密pH计。

（2）磁力搅拌器：6个。

2. 试剂

（1）亚硫酸钠溶液：0.01mol/L。溶解1.26g无水Na_2SO_3于水，定容到1L。

（2）硫酸锰溶液：0.0005mol/L。溶解0.141g无水$MnSO_4$于烧杯中，用稀硫酸调节pH值等于5，转移到1L容量瓶中，定容。

（3）硫酸铁铵溶液：0.0005mol/L。取0.241g $NH_4Fe(SO_4)_2 \cdot 12H_2O$于烧杯中，加少量1∶4的稀硫酸和适量水溶解，转移到1L容量瓶中，定容。使用时取适量溶液，用NaOH溶液小心调节pH值等于5（注意避免沉淀）。

（4）降尘-水悬浊液：收集并称取0.2g大气降尘（可取自室外窗台等处），放入50mL烧杯中，加30mL二次水，搅拌，并用稀硫酸调节pH值等于5。

（5）煤灰-水悬浊液：称取0.1g煤灰，放入50mL烧杯中，加30mL二次水，搅拌，并用稀硫酸调节pH值等于5。

（6）稀释水：取二次水1.5L于2L烧杯中，通空气30min，同时用磁力搅拌器搅拌。最后用稀硫酸调节pH值等于5。

（7）稀硫酸溶液：0.01mol/L。

（8）稀氢氧化钠溶液：0.01mol/L。

四、实验步骤

1. 模拟实验准备

（1）取250mL烧杯6个，编号为1～6，分别用于模拟不加催化剂、加锰催化剂、加铁催化剂、加铁锰催化剂、加降尘催化剂和加煤灰催化剂6种情况。

（2）向1～4号烧杯各加稀释水190mL，0.01mol/L Na_2SO_3溶液10mL；向5号、6号烧杯各加稀释水160mL，0.01mol/L Na_2SO_3溶液10mL。

（3）迅速向2～6号烧杯中依次加入以下试剂：2号，0.0005mol/L $MnSO_4$溶液2mL；3号，0.0005mol/L $NH_4Fe(SO_4)_2$溶液2mL；4号，0.0005mol/L $MnSO_4$溶液和0.0005mol/L $NH_4Fe(SO_4)_2$溶液各1mL；5号，降尘-水悬浊液30mL；6号，煤灰水悬浊液30mL。

（4）加完所有试剂后，将6个烧杯置于磁力搅拌器上持续搅拌，用稀硫酸和稀NaOH

溶液迅速调节各烧杯 pH 值至 5.0，并开始计时。

2. 液相氧化过程

每隔一定时间（5min、10min、15min、20min、25min、30min、40min、50min、60min、70min）测定并记录各烧杯中溶液 pH 值的变化。

五、数据处理与分析

以 pH 值为纵坐标，时间为横坐标绘制各体系中溶液 pH 值随时间的变化曲线。评价并对比不同体系氧化反应的快慢，分析和对比各催化剂的催化作用。

六、思考题

（1）为什么通过 pH 值的变化可以估算液相氧化速率？本实验中的数据足够估算 SO_2 氧化速率常数吗？如果不够，还应该控制和测定哪些参数或指标？

（2）哪些因素会影响 SO_2 的氧化速率？

延伸阅读

大气中重要自由基的来源

自由基是电子壳层的外层有一个不成对电子的分子、原子或基团。它具有很高的活性，有强氧化作用。大气中存在的重要自由基有 HO·、HO_2·、R·（烷基）、RO·（烷氧基）和 RO_2·（过氧烷基）等。其中以 HO·和 HO_2·更为重要。

大气中的氧分子具有两个未成对电子，可被看成双自由基，它在光照下可发生共价键断裂，从而产生成对的自由基。处于自由基外层中的未成对电子对外来电子有很强的亲和力，故能起强氧化作用，可使进入自然环境中的还原态物质（如 H_2S、NH_3、CH_4 等）氧化为高氧化态物质（H_2SO_4、HNO_3、H_2CO_3）。

自由基的另一特点是它们可进行链式反应。电子未成对的自由基与电子成对的分子发生反应后必然产生另一种含未成对电子的自由基，并自行维持，不断进行。一般来说，自由基链式反应历程包括：

① 引发反应，在此过程中自由基由某种起因（如阳光辐射）而产生；

② 传播过程，发生自由基-分子反应，并延续一段时间；

③ 终止反应，通常因自由基间复合、消失而终止反应。

如清洁大气本身的组分在阳光的作用下，会发生一系列化学和光化学反应，系列反应中最重要的物种包括 CH_4、O_3、CO 和 NO_x。

1. 大气中 HO·和 HO_2·的来源

对于清洁大气而言，O_3的光离解是大气中 HO·的重要来源。

$$O_3 + h\nu \longrightarrow O\cdot + O_2$$

$$O\cdot + H_2O \longrightarrow 2HO\cdot$$

而对于污染大气，如有 HNO_2和 H_2O_2存在，它们的光离解也可产生 HO·。

$$HNO_2 + h\nu \longrightarrow HO\cdot + NO$$

$$H_2O_2+h\nu \longrightarrow 2HO\cdot$$

其中HNO_2的光离解是大气中$HO\cdot$的重要来源。

大气中的$HO_2\cdot$主要来源于醛的光解，尤其是甲醛的光解：

$$H_2CO+h\nu \longrightarrow HO\cdot+HCO\cdot$$
$$H\cdot+O_2+M \longrightarrow HO_2\cdot+M$$
$$HCO\cdot+O_2 \longrightarrow HO_2\cdot+CO$$

任何光解过程只要有$H\cdot$或$HCO\cdot$自由基生成，它们都可与空气中的O_2结合而导致生成$HO_2\cdot$。其他醛类也有类似反应，但它们在大气中的浓度远比甲醛低，因而不如甲醛重要。

另外，亚硝酸酯和H_2O_2的光解也可导致生成$HO_2\cdot$。

$$CH_3ONO+h\nu \longrightarrow CH_3O\cdot+NO$$
$$CH_3O\cdot+O_2 \longrightarrow H_2O_2\cdot+HCO\cdot$$
$$H_2O_2+h\nu \longrightarrow 2HO\cdot$$
$$HO\cdot+H_2O_2 \longrightarrow HO_2\cdot+H_2O$$

如果体系中有CO存在，则有如下反应：

$$HO\cdot+CO \longrightarrow CO_2+H\cdot$$
$$H\cdot+O_2 \longrightarrow HO_2\cdot$$

2. 大气中$R\cdot$，$RO\cdot$和$RO_2\cdot$等自由基的来源

大气中存在量最多的烷基（$R\cdot$）是甲基（$CH_3\cdot$），它的主要来源是乙醛和丙酮的光解：

$$CH_3CHO+h\nu \longrightarrow CH_3\cdot+HCO\cdot$$
$$CH_2COCH_3+h\nu \longrightarrow CH_3\cdot+CH_3CO\cdot$$

这两个反应除了生成$CH_3\cdot$外，还生成两个羰基自由基$HCO\cdot$和$CH_3CO\cdot$。

另外，当$O\cdot$和$HO\cdot$与烃类发生H摘除反应时也可生成烷基自由基：

$$RH+O\cdot \longrightarrow R\cdot+HO\cdot$$
$$RH+HO\cdot \longrightarrow R\cdot+H_2O$$

大气中甲氧基（$RO\cdot$）主要来源于甲基亚硝酸酯和甲基硝酸酯的光解：

$$CH_3ONO+h\nu \longrightarrow CH_3O\cdot+NO$$
$$CH_3ONO_2+h\nu \longrightarrow CH_3O\cdot+NO_2$$

大气中的过氧烷基（$RO_2\cdot$）都是由烷基与空气中的O_2结合而形成的：

$$R\cdot+O_2 \longrightarrow RO_2\cdot$$

温室效应与地球气候变化

有学者预计，到2030年左右，大气中温室气体的含量相当于CO_2含量增加一倍。因此，全球变暖问题除考虑CO_2外，还应考虑具有温室效应的其他气体及颗粒物的作用。

通过对气温变暖现象的观察，发现地表大气的平均温度在不断变化中也有上升趋势。近100年来，平均温度上升了0.3～0.6℃，海平面上升了10～20cm，其原因可能是伴随水温上升而使海水膨胀以及陆地冰川融化等。许多沿海城市、岛屿或低洼地区将面临海水上涨的威胁，甚至被海水吞没。20世纪60年代末，非洲撒哈拉牧区曾发生持续6年的干旱，由于缺少粮食和牧草，牲畜被宰杀，饥饿致死者超过150万人。温室效应和全球气候变暖已经引

起了世界各国的普遍关注。

有研究结果指出，重要温室气体CO_2的增加不仅使全球变暖，还将造成全球大气环流调整和气候带向极地扩展。包括我国北方在内的中纬度地区降水将减少，加上升温使蒸发加大，因此气候将趋于干旱化。大气环流的调整，除了中纬度干旱化之外，还可能造成世界其他地区气候异常和灾害。例如，低纬度台风强度将增加，台风源地将向北扩展等。

但是，温室效应也并非全是坏事。因为最寒冷的高纬度地区增温最大，因而农业区将向极地大幅度推进。CO_2增加也有利于植物光合作用而直接提高有机物产量。还有论文指出，在我国和世界历史时期中温暖期多是降水较多、干旱区退缩的繁荣时期等。

1992年，联合国通过《气候变化公约》，期望全世界共同努力，抑制温室气体的排放，目标为“将大气中温室气体的浓度，稳定在防止气候系统受到威胁的人为干扰水平上”。1997年，《气候变化纲要公约》第3次缔约国大会通过了《京都议定书》，明确提出消减六种温室气体，包括二氧化碳、甲烷、氧化亚氮、氢氟碳化物、全氟碳化物及六氟化硫。

可以采取以下措施为抑制温室气体做贡献：

① 全面禁用氟氯碳化物；

② 保护森林；

③ 改善汽车使用燃料状况；

④ 改善其他各种场合的能源使用效率；

⑤ 对化石燃料的生产与消费，要有计划进行；

⑥ 开发替代能源，鼓励使用太阳能、天然气、清洁能源作为当前的主要能源。

第四章 土壤环境化学

基础知识

一、土壤组成及性质

土壤是陆地表面由矿物质、有机质、水、空气和生物组成的，具有肥力，能生长植物的未固结层，是在地球表面岩石的风化过程和母质的成土过程两者综合作用下形成的，是自然环境要素的重要组成之一。

土壤圈是覆盖在地球表面和浅水域底部的土壤所构成的连续体，处于地圈系统（大气圈、生物圈、岩石圈、水圈）的交界面，是地圈系统的重要组成部分，具有支持植物和微生物生长繁殖的能力。土壤是土壤圈的物质基础，是环境的一个重要组成因素。

地层内部的岩石经受高温、高压的作用，但在化学上是相对稳定的。一旦暴露在地表面，压力降低，温度有很大的变动，且与丰富的水和空气接触，发生风化作用，从而在新的条件下，达成了新的稳定状态。相似地，生物体排泄物和死后残骸中的各种有机组分也受到了类似作用。这两种过程的组合以及各种无机、有机产物的相互作用，造就了土壤系统。

土壤是独立的历史自然体，有着自身的生长发展过程。但在其发展过程中，又受到人类活动深刻的影响，所以土壤是生物、气候、母岩、地形、时间和人类生产活动等成土因素综合作用下的产物。由于成土因素综合作用的不同，产生出多种类型的土壤。各种土壤形成过程的实质是地球大循环与生物小循环的对立统一。

1. 土壤的组成

土壤是由矿物质、有机质和土壤生物以及水分、空气等固、液、气三相组成，是一个复杂的多相体系。其中，土壤固相包括矿物质、有机质和土壤生物；在固相物质之间为形状和大小不同的孔隙，孔隙中存在水分和空气。图 4-1 显示了土壤组分按质量计算的大致比例。

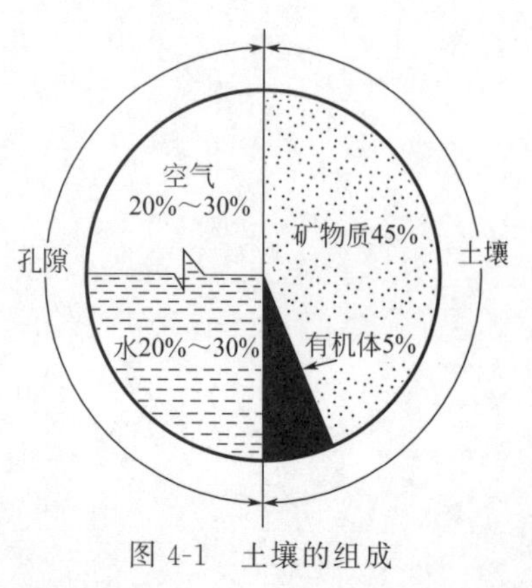

图 4-1　土壤的组成

（1）土壤矿物质

土壤矿物质是岩石经过物理风化和化学风化形成的。按其成因类型可将土壤矿物质分为两类：一类是原生矿物，它们是各种岩石（主要是岩浆岩）受到程度不同的物理风化而未经化学风化形成的，其原来的化学组成和结晶构造都没有改变，仅改变其形状为沙粒和粉沙粒；

另一类是次生矿物，它们大多数是由原生矿物经化学风化后形成的新矿物，其化学组成和晶体结构都有所改变。在土壤形成过程中，原生矿物以不同的数量与次生矿物混合成为土壤矿物质。

① 原生矿物 原生矿物主要有石英、长石类、云母类、辉石、角闪石、橄榄石、赤铁矿、磁铁矿、磷灰石、黄铁矿等，其中前五种最常见。土壤中原生矿物的种类和含量，随母质的类型、风化强度和成土过程的不同而异。原生矿物粒径比较大，土壤中0.001～1mm的粉砂和砂几乎全部是原生矿物。在原生矿物中，石英最难风化，长石次之，辉石、角闪石、黑云母易风化。因而石英常成为较粗的颗粒，遗留在土壤中，构成土壤的砂粒部分；辉石、角闪石和黑云母在土壤中残留较少，一般都被风化为次生矿物。

岩石化学风化主要分为三个历程，即氧化、水解和酸性水解。

氧化：以橄榄石为例，其化学组成为（Mg、Fe）SiO_4，其中Fe(Ⅱ)可以氧化为Fe(Ⅲ)。

$$2(Mg、Fe)SiO_4+1/2O_2(g)+5H_2O \longrightarrow Fe_2O_3 \cdot 3H_2O(s)+Mg_2SiO_4(s)+H_4SiO_4(aq)$$

水解：$2(Mg、Fe)SiO_4+4H_2O \longrightarrow 2Mg^{2+}(aq)+4OH^-(aq)+Fe_2SiO_4(s)+H_4SiO_4(aq)$

酸性分解：$(Mg、Fe)SiO_4(s)+4H^+(aq) \longrightarrow Mg^{2+}(aq)+Fe^{2+}(aq)+H_4SiO_4(aq)$

风化反应释放出来的Fe^{2+}、Mg^{2+}等离子，一部分被植物吸收，一部分则随水迁移，最后进入海洋；$Fe_2O_3 \cdot 3H_2O$形成新矿；SiO_4^{4-}也可与某些阳离子形成新矿。土壤中最主要的原生矿物有四类：硅酸盐类矿物、氧化物类矿物、硫化物类矿物和磷酸盐类矿物。其中硅酸盐类矿物占岩浆岩质量的80%以上。

原生矿物对土壤肥力的贡献：一是构成土壤的骨架；二是提供无机营养物质，除碳、氮外，原生矿物中蕴藏着植物所需要的一切元素。

② 次生矿物 土壤中次生矿物的种类很多，不同的土壤所含次生矿物的种类和数量也不尽相同。通常根据性质与结构可分为三类：简单盐类、三氧化物类和次生铝硅酸盐类。

次生矿物中的简单盐类属水溶性盐，易淋溶流失，一般在土壤中较少，多存在于盐渍土中。三氧化物和次生铝硅酸盐是土壤矿物质中最细小的部分，粒径小于0.25μm，一般称为次生黏土矿物。土壤很多重要物理、化学过程和性质都和土壤所含的黏土矿物，特别是次生铝硅酸盐的种类和数量有关：

a. 简单盐类。如方解石（$CaCO_3$）、白云石［Ca、$Mg(CO_3)_2$］、石膏（$CaSO_4 \cdot 2H_2O$）、泻盐（$MgSO_4 \cdot 7H_2O$）、岩盐（NaCl）、芒硝（$Na_2SO_4 \cdot 10H_2O$）、水氯镁石（$MgCl_2 \cdot 6H_2O$）等。它们都是原生矿物经化学风化后的最终产物，结晶构造也较简单，常见于干旱和半干旱地区的土壤中。

b. 三氧化物类。如针铁矿（$Fe_2O_3 \cdot H_2O$）、褐铁矿（$2Fe_2O_3 \cdot 3H_2O$）、三水铝石（$Al_2O_3 \cdot 3H_2O$）等，它们是硅酸盐矿物彻底风化后的产物，结晶构造较简单，常见于湿热的热带和亚热带地区土壤中，特别是基性岩（玄武岩、安山岩、石灰岩）上发育的土壤中含量较多。

c. 次生硅酸盐类。这类矿物在土壤中普遍存在，种类很多，是由长石等原生硅酸盐矿物风化后形成。它们是构成土壤的主要成分，故又称为黏土矿物或黏粒物。母岩和环境条件的不同，使岩石风化处在不同的阶段，在不同的风化阶段所形成的次生黏土矿物的种类和数量也不同，但其最终产物都是铁铝氧化物。例如：在干旱、半干旱的气候条件下，风化程度较低，处于脱盐基初期阶段，主要形成伊利石；在温暖湿润或半湿润的气候条件下，脱盐基作用增强，多形成蒙脱石和蛭石；在湿热气候条件下，原生矿物迅速脱盐基、脱硅，主要形成高岭石。再进一步脱硅的结果是，矿物质彻底分解，造成铁铝氧化物的富集（即红土化作用）。所以土壤中次生硅酸盐可分为三大类，即伊利石、蒙脱石和高岭石。

次生矿物多数颗粒细小（粒径小于 0.001mm），具有胶体特性，是土壤固相物质中最活跃的部分，它影响着土壤许多重要的物理、化学性质，如土壤的颜色、吸收性、膨胀收缩性、黏性、可塑性、吸附能力和化学活性。

（2）土壤有机质

土壤有机质是土壤中含碳有机物的总称。由进入土壤的植物、动物及微生物残体经分解转化逐渐形成，通常可分为两大类：一类为非腐殖物质，包括糖类化合物（淀粉、纤维素、半纤维素、果胶质等）、树脂、脂肪、单宁、蜡质、蛋白质和其他含氮化合物，它们都是组成有机体的各种有机化合物，一般占土壤有机质总量的 10%～15%；另一类是腐殖物质，是由植物残体中稳定性较大的木质素及其类似物在微生物作用下，部分地被氧化而增强反应活性形成的一类特殊的有机物，它们不属于有机化学中现有的任何一类。根据腐殖物质在酸和碱溶液中的行为，其分为富里酸（既溶于碱，又溶于酸，分子量低，色浅）、腐殖酸（溶于碱，不溶于酸，分子量较大，色较深）和腐黑物（酸碱均不溶，分子量最大，色最深）三个组分。它们都属于高分子聚合物，都具有芳环结构，苯环周围连有多种官能团，如羧基、羟基、甲氧基、酚羟基、醇羟基以及氨基等，它们具有许多共同的理化特性，如较大的比表面、较高的阳离子代换量等。

土壤有机质一般占土壤固相总质量的 5%左右，含量虽不高，却是土壤的重要组成部分，土壤有机质因其具有的多种官能团，对土壤的理化性质和土壤中的化学反应均有较大影响。

（3）土壤水分

土壤水分是土壤的重要组成部分，主要来自大气降水和灌溉。在地下水位接近地面（2～3m）的情况下，地下水也是上层土壤水分的重要来源。此外，空气中水蒸气遇冷凝成土壤水分。水进入土壤以后，由于土壤颗粒表面的吸附力和微细孔隙的毛细管力，可将一部分水保持住，但不同土壤保持水分能力不同。砂土由于土质疏松，孔隙大，水分容易渗漏流失；黏土土质细密，孔隙小，水分不容易渗漏流失。气候条件对土壤水分含量影响也很大。土壤水分并非纯水，实际上是土壤中各种成分和污染物溶解形成的溶液，即土壤溶液。因此土壤水分既是植物养分的主要来源，也是进入土壤的各种污染物向其他环境圈层（如水圈、生物圈等）迁移的媒介。

水分在土壤中主要有两种存在形式：土壤颗粒表面有很强的黏附力，土壤颗粒吸附的水分称为吸着水，几乎不移动，不被植物吸收；外层的膜状水称为内聚水或毛细管水，是植物生长的主要水源。土壤结构如图 4-2 所示。

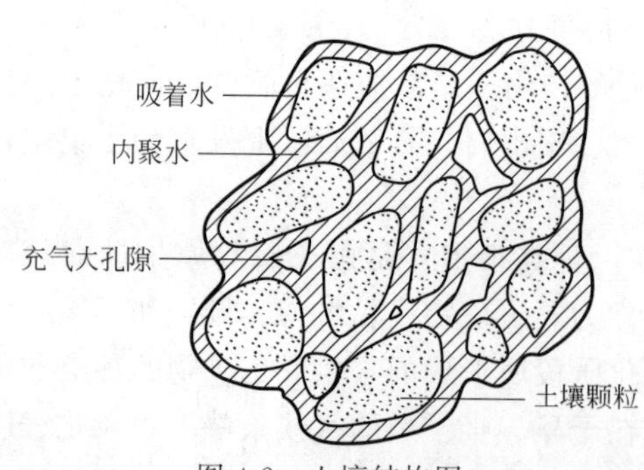

图 4-2　土壤结构图

（4）土壤空气

土壤空气存在于未被水分占据的土壤孔隙中。土壤空气组成与大气基本相似，主要成分都是 N_2、O_2、CO_2，所不同的是土壤空气存在于相互隔离的土壤孔隙中，是一个不连续的体系。它们在 O_2、CO_2 含量上有很大差异，土壤空气

中 CO_2 含量比大气中高得多，大气中 CO_2 含量为 0.02%～0.03%，而土壤空气中 CO_2 含量一般为 0.15%～0.65%，甚至高达 5%，这主要由生物呼吸作用和有机物分解产生的。氧的含量低于大气。土壤空气中水蒸气的含量比大气高得多。土壤空气中还含有少量的还原性气体，如 CH_4、H_2、H_2S、NH_3 等。如果是被污染的土壤，其空气中还可能存在污染物。

土壤空气是土壤肥力的要素之一，土壤的状况（含量、组成）直接影响着土壤中潜在养分的释放，也影响着土壤性质及污染物在土壤中的迁移转化和归宿。

2. 土壤的性质

土壤的性质与土壤质地和土壤结构息息相关。土壤质地是指土壤中粗细、大小不等的土壤颗粒的比例组成。根据土壤中各种粒级颗粒的质量百分数组成把土壤划分为若干类别。

土壤质地分类如表 4-1 所示。不同质地的土壤呈现出不同的颜色、形状、性质、肥力、土壤密度、黏结性、黏着性等。

表 4-1 国际制土壤质地分类标准

质地分类		各粒级含量/%		
类别	名称	黏粒<0.002mm	粉砂粒 0.002～0.02mm	砂粒 0.02～2mm
砂土类	砂土及壤质砂土	0～15	0～15	85～100
壤土类	砂质壤土	0～15	0～45	55～85
	壤土	0～15	35～45	40～55
	粉砂质壤土	0～15	45～100	0～55
黏壤土类	砂质黏壤土	15～25	0～30	55～85
	黏壤土	15～25	20～45	30～55
	粉砂质黏壤土	15～25	45～85	0～40
黏土类	砂质黏土	25～45	0～20	55～75
	壤质黏土	25～45	0～45	10～55
	粉砂质壤土	25～45	45～75	0～30
	黏土	45～65	0～35	0～55
	重黏土	65～100	0～35	0～35

土壤的结构是指土壤颗粒（包括单独颗粒、复粒和团聚体）的空间排列方式及其稳定程度、孔隙的分布和结合的状况。实际上，土壤中的矿物颗粒并不都是呈单独颗粒存在的，除砂粒和部分粗颗粒以外，大多是互相聚在一起，形成较大的颗粒（微团聚体）或团聚体颗粒。一定条件下，良好的土壤结构有利于植物根系活动、通气、保水、保肥。

（1）土壤的吸附性

土壤具有的吸附并保持固态、液态和气态物质的能力，称为土壤的吸附性能。土壤中两个最活跃的组分是土壤胶体和土壤微生物，它们对污染物在土壤中的迁移、转化有重要作用。土壤胶体以巨大的比表面积和带电性而使土壤具有吸附性。

① 土壤胶体的性质

a. 土壤胶体具有巨大的比表面和表面能。比表面是单位质量（或体积）物质的表面积。一定体积的物质被分割时，随着颗粒数的增多，比表面也显著地增大。

物体表面的分子与该物体内部的分子所处的条件是不相同的。物体内部的分子在各方向都与它相同的分子相接触，受到的吸引力相等；而处于表面的分子所受到的吸引力是不相等的，表面分子具有一定的自由能，即表面能。物质的比表面越大，表面能也越大。

b. 土壤胶体的电性。土壤胶体微粒具有双电层，微粒的内部称微粒核，一般带负电荷，形成一个负离子层（即决定电位离子层），其外部由于电性吸引，而形成一个正离子层（又称反离子层，包括非活动性离子层和扩散层），即合称为双电层。决定电位层与液体间的电位差通常叫作热力电位，在一定的胶体系统内它是不变的。在非活动性离子层与液体间的电位差叫电动电位，它的大小视扩散层厚度而定，随扩散层厚度增大而增加。扩散层厚度取决于补偿离子的性质，电荷数量少，而水化程度大的补偿离子（如 Na^+），形成的扩散层较厚；反之，扩散层较薄。

c. 土壤胶体的凝聚性和分散性。由于胶体的比表面和表面能都很大，为减少表面能，胶体具有相互吸引、凝聚的趋势，这就是胶体的凝聚性。但在土壤溶液中，胶体常带负电荷，即具有负的电动电位，所以胶体微粒又因相同电荷而相互排斥，电动电位越高，相互排斥力越强，胶体微粒呈现出的分散性也越强。

影响土壤凝聚性能的主要因素是土壤胶体的电动电位和扩散层厚度，例如：当土壤溶液中阳离子增多，由于土壤胶体表面负电荷被中和，从而加强了土壤的凝聚。阳离子改变土壤凝聚作用的能力与其种类和浓度有关。一般，土壤溶液中常见阳离子的凝聚能力顺序如下：$Na^+ < K^+ < NH_4^+ < H^+ < Mg^{2+} < Ca^{2+} < Al^{3+} < Fe^{3+}$。此外，土壤溶液中电解质浓度、pH 值也将影响其凝聚性能。

② 土壤胶体的离子交换吸附　在土壤胶体双电层的扩散层中，补偿离子可以和溶液中相同电荷的离子以离子价为依据做等价交换，称为离子交换（或代换）。离子交换作用包括阳离子交换吸附作用和阴离子交换吸附作用。

a. 土壤胶体的阳离子交换吸附。土壤胶体吸附的阳离子，可与土壤溶液中的阳离子进行交换，其交换反应如下：

$$\boxed{\text{土壤胶体}}\begin{matrix}Na^+\\Na^+\end{matrix} + Ca^{2+} \rightleftharpoons \boxed{\text{土壤胶体}}\,Ca^{2+} + 2Na^{2+}$$

土壤胶体阳离子交换吸附过程除以离子价为依据进行等价交换和受质量作用定律支配外，各种阳离子交换能力的强弱，主要依赖于以下因素：(a) 电荷数。离子电荷数越高，阳离子交换能力越强。(b) 离子半径及水化程度。同价离子中，离子半径越大，水化离子半径就越小，因而具有较强的交换能力。土壤中一些常见阳离子的交换能力顺序如下：$Fe^{3+} > Al^{3+} > H^+ > Ba^{2+} > Sr^{2+} > Ca^{2+} > Mg^{2+}$。

每千克干土中所含全部阳离子总量，称阳离子交换量，以厘摩尔/千克土（cmol/kg 土）表示。不同土壤的阳离子交换量不同：不同种类胶体的阳离子交换量顺序为，有机胶体>蒙脱石>水化云母>高岭土>含水氧化铁、氧化铝。土壤质地越细，阳离子交换量越高；土壤胶体中 SiO_2/R_2O_3 比值越大，其阳离子交换量越大，当 SiO_2/R_2O_3 小于 2，阳离子交换量显著降低；因为胶体表面 OH^- 基团的离解受 pH 的影响，所以 pH 值下降，土壤负电荷减少，阳离子交换量降低，反之，交换量增大。

土壤的可交换性阳离子有两类：一类是致酸离子，包括 H^+ 和 Al^{3+}；另一类是盐基离子，包括 Ca^{2+}、Mg^{2+}、K^+、Na^+、NH_4^+ 等。土壤胶体上吸附的阳离子均为盐基离子，且已达到吸附饱和时的土壤，称为盐基饱和土壤。土壤胶体上吸附的阳离子有一部分为致酸离子，则这种土壤为盐基不饱和土壤。在土壤交换性阳离子中盐基离子所占的百分数称为土壤盐基饱和度。

$$盐基饱和度(\%)=\frac{交换性盐基总量(cmol/kg)}{阳离子交换量(cmol/kg)}\times100\%$$

土壤盐基饱和度与土壤母质、气候等因素有关。

b. 土壤胶体的阴离子交换吸附。土壤中阴离子交换吸附是指带正电荷的胶体所吸附的阴离子与溶液中阴离子的交换作用。阴离子的交换吸附比较复杂，它可与胶体微粒（如酸性条件下带正电荷的含水氧化铁、氧化铝）或溶液中阳离子（Ca^{2+}、Al^{3+}、Fe^{2+}）形成难溶性沉淀而被强烈吸附。如 PO_4^{3-}、HPO_4^{2-} 与 Ca^{2+}、Fe^{3+}、Al^{3+} 可形成 $CaHPO_4 \cdot 2H_2O$、$Ca_3(PO_4)_2$、$FePO_4$、$AlPO_4$ 难溶性沉淀。由于 Cl^-、NO_3^-、NO_2^- 不能形成难溶盐，故它们不被或很少被土壤吸附。各种阴离子被土壤胶体吸附的顺序如下：F^->草酸根>柠檬酸根>PO_4^{3-}>AsO_4^{3-}>硅酸根>HCO_3^->$H_2BO_3^-$>CH_3COO^->SCN^->SO_4^{2-}>Cl^->NO_3^-。

（2）土壤的酸碱性

由于土壤是一个复杂的体系，其中存在着各种化学和生物化学反应，因而土壤表现出不同的酸性或碱性。根据土壤的酸度可以将其划分为 9 个等级（如表 4-2 所示）。

表 4-2 土壤酸碱度分级

酸碱度分级	pH 值	酸碱度分级	pH 值
极强酸性	<4.5	弱碱性	7.0～7.5
强酸性	4.5～5.5	碱性	7.5～8.5
酸性	5.5～6.0	强碱性	8.5～9.5
弱酸性	6.0～6.5	极强碱性	>9.5
中性	6.5～7.0		

我国土壤的 pH 值大多在 4.5～8.5 范围内，并有由南向北 pH 值递增的规律性。长江（北纬 33°）以南的土壤多为酸性和强酸性，例如：华南、西南地区广泛分布的红壤、黄壤，pH 值大多在 4.5～5.5，有少数低至 3.6～3.8；华中、华东地区的红壤，pH 值在 5.5～6.5。长江以北的土壤多为中性或碱性，如华北、西北的土壤大多含 $CaCO_3$，pH 值一般为 7.5～8.5，少数强碱性土壤的 pH 值高达 10.5。

① 土壤酸度　根据 H^+ 的存在方式，土壤酸度可分为两大类。

a. 活性酸度。土壤的活性酸度是土壤溶液中氢离子浓度的直接反映，又称为有效酸度，活性酸的强度通常用 pH 值表示。

土壤溶液中氢离子的来源，主要是土壤空气的 CO_2 溶于水形成的碳酸和有机质分解产生的有机酸，以及氧化作用产生的无机酸和无机肥料残留的酸根，如硝酸、硫酸、磷酸等。大气污染产生的酸沉降也会使土壤酸化，所以它也是土壤活性酸的重要来源。

b. 潜性酸度。土壤潜性酸度的来源是土壤胶体吸附的可代换性 H^+ 和 Al^{3+}，这些离子处于吸附状态时，是不显酸性的，当它们通过离子交换作用进入土壤溶液后，增加了土壤溶液 H^+ 浓度，而显示酸性。只有盐基不饱和土壤才有潜性酸度，其大小与土壤代换量和盐基饱和度有关。

② 土壤碱度　土壤的碱性反应是在土壤溶液中 OH^- 浓度超过 H^+ 浓度时反映出来的。土壤溶液之所以出现碱性反应，是由于土壤溶液中有弱酸强碱的水解性盐类的存在，其中最多的弱酸根是碳酸根和重碳酸根。因此，通常皆以碳酸根和重碳酸根的含量，作为土壤液相

碱度的指标。碳酸盐碱度和重碳酸盐度的总和称为总碱度，可用中和滴定法测定。不同溶解度的碳酸盐和重碳酸盐对土壤碱性的贡献不同，$CaCO_3$ 和 $MgCO_3$ 的溶解度很小，在正常的 CO_2 分压下，它们在土壤溶液中的浓度很低，故富含 $CaCO_3$ 和 $MgCO_3$ 的石灰性土壤呈弱碱性（pH 值为 7.5～8.5）；Na_2CO_3、$NaHCO_3$ 及 $Ca(HCO_3)_2$ 等都是水溶性盐类，可以大量出现在土壤溶液中，使土壤溶液中的总碱度很高。从土壤 pH 值来看，含 Na_2CO_3 的土壤，其 pH 值一般较高，可达 10 以上，而含 $NaHCO_3$ 和 $Ca(HCO_3)_2$ 的土壤，其 pH 值常在 7.5～8.5，碱性较弱。

当土壤胶体上吸附的 Na^+、K^+、Mg^{2+}（主要是 Na^+）等离子的饱和度增加到一定程度时，会引起交换阳离子的水解作用，结果在土壤溶液中产生 NaOH，使土壤呈碱性。此时 Na^+ 饱和度亦称为土壤碱化度。胶体上吸附的盐基离子不同，对土壤 pH 值或土壤碱度的影响也不同，如表 4-3 所示。

表 4-3 不同盐基离子完全饱和吸附于黑钙土时的 pH 值

吸附性盐基离子	黑钙土壤的 pH 值	吸附性盐基离子	黑钙土壤的 pH 值
Li	9.00	Ca	7.84
Na	8.04	Mg	7.59
K	8.00	Ba	7.35

③ 土壤的缓冲性能　把少量的酸或碱加到土壤中，其 pH 值的变化不大，土壤这种对酸碱变化的抵抗能力，称为土壤的缓冲性能或缓冲作用。它可以保持土壤反应的相对稳定，为植物生长和土壤生物的活动创造比较稳定的生活环境，所以土壤的缓冲性能是土壤的重要性质之一。

a. 土壤溶液的缓冲作用。土壤溶液中含有碳酸、硅酸、磷酸、腐殖酸和其他有机酸等弱酸及其盐类，构成一个良好的缓冲体系，对酸碱具有缓冲作用。现以碳酸及其钠盐为例说明：当加入盐酸时，碳酸钠与它作用，生成中性盐和碳酸，大大抑制了土壤酸度的提高。

$$Na_2CO_3+2HCl \longrightarrow 2NaCl+H_2CO_3$$

当加入 $Ca(OH)_2$ 时，碳酸与它作用，生成溶解度较小的碳酸钙，也限制了土壤碱度的变化范围。

$$H_2CO_3+Ca(OH)_2 \longrightarrow CaCO_3+2H_2O$$

土壤中的某些有机酸（氨基酸、胡敏酸等）是两性物质，具有缓冲作用。如氨基酸含氨基和羧基可分别中和酸和碱，因而对酸和碱都具有缓冲能力。

$$R-CH\begin{matrix}NH_2\\COOH\end{matrix}+HCl \longrightarrow R-CH\begin{matrix}NH_3^+Cl^-\\COOH\end{matrix}$$

$$R-CH\begin{matrix}NH_2\\COOH\end{matrix}+NaOH \longrightarrow R-CH\begin{matrix}NH_2\\COONa\end{matrix}+H_2O$$

b. 土壤胶体的缓冲作用。土壤胶体吸附有各种阳离子，其中盐基离子和氢离子能分别对酸和碱起缓冲作用。

对酸的缓冲作用（以 M 代表盐基离子）：

$$\boxed{土壤胶体}-M+HCl \longrightarrow \boxed{土壤胶体}-H+MCl$$

对碱的缓冲作用：

$$\boxed{土壤胶体}-H+MOH \longrightarrow \boxed{土壤胶体}-M+H_2O$$

土壤胶体数量和盐基代换量越大，土壤的缓冲性能就越强。因此，砂土掺黏土及施用各种有机肥料，都是提高土壤缓冲性能的有效措施。在代换量相等的条件下，盐基饱和度愈高，土壤对酸的缓冲能力愈大；反之，盐基饱和度愈低，土壤对碱的缓冲能力愈大。

近年来，国内外环境土壤学者从土壤环境化学的角度出发，将过去土壤对酸碱反应的缓冲性的狭隘概念，延伸为土壤对污染（物）的缓冲性的广义概念。将土壤环境对污染（物）的缓冲性定义为："土壤因水分、温度、时间等外界因素的变化，抵御其组分浓（活）度变化的性质"。其数学表达式为：

$$б=\frac{\Delta X}{\Delta T,\Delta t,\Delta \omega}$$

式中　　б——土壤的缓冲性；

ΔX——某元素浓（活）度变化；

$\Delta T,\Delta t,\Delta \omega$——温度、时间和水分的变化。

广义土壤缓冲性的主要机理是土壤的吸附与解吸、沉淀与溶解。影响土壤缓冲性的因素主要为土壤质量，黏粒矿物，铁铝氧化物，$CaCO_3$，有机质，土壤的 CEC、pH 值和 E_h，土壤水分和温度等。

（3）土壤的氧化还原性

氧化还原反应是土壤中无机物和有机物发生迁移转化并对土壤生态系统产生重要影响的化学过程。

土壤中氧气、少量的 NO_3^- 和高价金属离子，如 Fe(Ⅲ)、Mn(Ⅳ)、Ti(Ⅵ)、V(Ⅴ) 等都是土壤中主要的氧化剂。土壤有机质以及厌氧条件下形成的分解产物和低价金属离子等都是土壤中主要的还原剂。土壤中主要的氧化还原体系见表 4-4。

表 4-4　土壤中主要氧化还原体系

体系	氧化态	还原态
铁体系	Fe(Ⅲ)	Fe(Ⅱ)
锰体系	Mn(Ⅳ)	Mn(Ⅱ)
硫体系	SO_4^{2-}	H_2S
氮体系	NO_3^-	NO_2^-
	NO_3^-	N_2
	NO_3^-	NH_4^+
有机碳体系	CO_2	CH_4

土壤环境氧化还原能力的大小可以用土壤的氧化还原电位（E_h）来衡量，其值是以氧化态与还原态物质的相对浓度比为依据的。由于土壤中氧化态物质与还原态物质的组成十分复杂，因此计算土壤的氧化还原电位（E_h）很困难，主要以实际测量的土壤氧化还原电位来衡量土壤的氧化还原性。氧化还原电位可用能斯特方程来表示：

$$E_h=E_0+\frac{0.059}{n}\lg\frac{[\text{氧化态}]}{[\text{还原态}]}$$

式中　E_0——标准氧化还原电位；

n——反应中电子转移数。

根据实测，旱地土壤的 E_h 值大约为 400～700mV，水田土壤大约为 －200～300mV。通常当氧化还原电位 $E_h<300$mV 时，有机质体系起重要作用，土壤处于还原状态。土壤的 E_h 值决定着土壤中可能进行的氧化还原反应，因此测知土壤的 E_h 值后，就可以判断该物

质处于何种价态。

当土壤的 E_h>700mV 时，土壤完全处于氧化条件下，有机物质会迅速分解；当 E_h 值在 400～700mV 时，土壤中氮素主要以 NO_3^- 形式存在；当 E_h 值<400mV 时，反硝化开始发生；当 E_h<200mV 时，NO_3^- 开始消失，出现大量的 NH_4^+。当土壤渍水，E_h 值降至－100mV时，Fe^{2+} 浓度超过 Fe^{3+}；E_h 值再降低，当小于－200mV 时，H_2S 大量产生，Fe^{2+} 就会变成 FeS 沉淀，其迁移能力降低。其他变价金属离子在土壤中不同氧化还原条件下的迁移转化行为与水环境中相似。

(4) 土壤的生物学性质

土壤环境中的生物体系，包括微生物区系、微动物区系和动物区系，是土壤环境的重要组成成分和物质能量转化的重要因素。土壤生物是土壤形成，养分转化，物质迁移，污染物的降解、转化、固定的重要参与者，主宰着土壤环境的物理化学和生物化学过程、特征和结果。各土壤生物区系的组成、功能及其环境效应分述如下。

① 土壤微生物功能及其环境效应　土壤环境为微生物提供矿物质营养元素、能源、碳源、空气、水分和热量，是微生物的天然培养基。土壤微生物种类繁多，主要类群有细菌、放线菌、真菌和藻类，它们个体小、繁殖迅速、数量大。据测定，土壤表层每克土含有微生物的数目，细菌为 10^8～10^9 个，放线菌为 10^7～10^8 个，真菌为 10^5～10^6 个，藻类为 10^4～10^5 个。

② 土壤中的动物种类及其环境效应　土壤中的动物种类繁多，包括原生动物（鞭毛虫纲、肉足虫纲、纤毛虫亚门等）、蠕虫动物（线虫和环节动物）、节肢动物（蚁类、蜈蚣、螨类及昆虫幼虫）、腹足动物（蛞蝓、蜗牛等）及一些哺乳动物，它们对土壤的性质和污染的净化有重要的影响。

研究表明，土壤动物吞食污染有机物和无机物，并分解吸收，进入有机体或被排泄物吸附保存，改变污染物原有的性质，因而可消除或减少污染物的危害。

(5) 土壤的自净作用

综上所述，在土壤中有空气中的氧作氧化剂，水作溶剂，有大量的胶体表面，能吸附各种物质并降低它们的反应活化能，此外，还有各种微生物，它们制成的酶对各种结构的分子分别起到特有的降解作用。这些条件加在一起，使得土壤具有优越的自身更新能力，而不需借助外力。土壤的这种自身更新能力，称为土壤的自净作用。当有污染物质进入土壤后，就能经生物和化学降解变为无毒害物质；或通过化学沉淀、配合和螯合作用、氧化还原作用变为不溶性物质，或是被土壤胶体吸附牢固，植物较难加以利用，而暂时退出生物小循环，脱离生物链或被排至土壤之外。

土壤的自净能力取决于土壤的物质组成和其他特性，也和污染物质的种类与性质有关。不同土壤的自净能力（即对污染物质的负荷量或容纳污染物质的量）是不同的。土壤对不同污染物质的净化能力也是不同的。一般来说，土壤自净的速率是比较缓慢的。

二、土壤污染

通过各种渠道排入土壤的物质的量，若在土壤自净能力范围内，则可维持正常生态循环。但由于人类活动的影响，当产生的各种物质输入土壤的数量与速率超过土壤的自净能力时，就会破坏自然生态平衡，使污染物质逐渐积累，导致土壤正常功能失调，土壤质量下降，影响作物的生长发育，造成减产。更为严重的是由于土壤污染物质的迁移转化，毒化空气和水质；或通过植物吸收，降低农副产品的生物学质量，造成残毒，通过食物链最终危害人类的生命和健康。此时即发生了土壤污染。

1. 土壤污染物

土壤中的污染物质与大气和水体中的污染物质很多是相同的。

① 重金属：如镉、汞、铬、铜、锌、铅、镍、砷等。

② 有机物质：其中数量较大而又比较重要的是化学农药，主要有有机氯、有机磷、有机氮农药等。此外，还有洗涤剂、酚和油类等。

③ 氮素和磷素化学肥料。

④ 放射性物质：^{137}Cs、^{90}Sr 等。

⑤ 病原微生物：肠道细菌、炭疽杆菌、结核杆菌等。

其中重金属和有机农药的污染是当前研究的重点。

2. 土壤污染源

土壤污染源主要分为两大类：人为污染源和天然污染源。

(1) 人为污染源

① 过量施用农药、化肥及污水灌溉等。

② 城市固体废弃物、阴沟污泥、工矿业废渣等任意堆积、排放。

③ 大气、水体中的污染物迁移入土壤。

(2) 天然污染源

在某些矿床或元素和化合物的富集中心周围，由于矿物的自然分解与风化，往往形成自然扩散带，使附近土壤中某元素的含量超出一般土壤的含量。

理论提升

一、土壤重金属污染

就土壤本身来讲均含有一定量的重金属元素，其中很多是作物生长所需要的微量营养元素，如 Mn、Cu、Zn 等。因此，只有当进入土壤的重金属元素积累的浓度超过了作物需要和可承受浓度，而表现出受毒害的症状，或作物生长并未受害，但产品中某金属含量超过标准，造成对人畜的危害时，才能认为土壤被重金属污染。

土壤污染中，重金属比较突出。这是因为重金属不能被微生物分解，而且能被土壤胶体所吸附，被微生物富集，有时甚至能转化为毒性更强的物质。土壤一旦被重金属污染，就很难彻底消除。

在环境污染方面所指的重金属是指对生物有显著毒性的元素，如汞、镉、铅、锌、铜、钴、镍、钡、锡等，从毒性角度通常把砷、铍、锂、硒、硼、铝等也包括在内。所以，重金属污染所指的范围较大。

环境中存在着各种各样的重金属污染源。采矿和冶炼是向环境中释放重金属的最主要污染源，煤和石油的燃烧也是重金属的主要释放源。随着化肥和农药的使用，重金属进入土壤，通过污水、污泥和垃圾向土壤环境排放重金属，所以说人类的生产和生活中许多途径都会向土壤环境排放重金属。

1. 土壤重金属污染的特点

重金属的污染特点可以归纳为以下几点：

① 形态多变　重金属大多是过渡元素，它们多有变价，有较高的化学活性，能参与多种反应和过程。随环境的 E_h、pH 值、配位体的不同，它们常有不同的价态、化合态和结合态，而且形态不同的重金属的稳定性和毒性不同。例如：重金属从自然态转变为非自然态时，常常毒性增加；离子态的毒性常大于络合态。如铝离子能穿过血脑屏障而进入人脑组织，会引起痴呆等严重后果，而铝的其他形态则没有这种危害。铜离子、铅离子、锌离子的毒性都远远大于络合态，而且络合物愈稳定，其毒性也愈低。由此可知，在评价重金属进入环境后引起的危害时，不了解它们的形态就会得出错误的结论。

② 金属有机态的毒性大于金属无机态　重金属的有机化合物常常比该金属的无机化合物的毒性大。如甲基氯化汞的毒性大于氯化汞，二甲基镉的毒性大于氯化镉，四乙基铅、四乙基锡的毒性分别大于二氧化铅和二氧化锡。

③ 价态不同毒性不同　金属的价态不同，毒性也不同。如六价铬的毒性大于三价铬，二价汞的毒性大于一价汞，二价铜的毒性大于零价铜，亚砷酸盐的毒性比砷酸大 60 倍。此外，重金属的价态相同时，化合物不同时毒性也不同。如砷酸铅的毒性大于氯化铅，氧化铅的毒性大于碳酸铅等。

④ 金属羰基化合物常常剧毒　某些金属与 CO 直接化合成的羰基化合物，如五合羰基铁［$Fe(CO)_5$］、四合羰基镍［$Ni(CO)_4$］等都是极毒的化合物。

⑤ 迁移转化形式多　重金属在环境中的迁移转化，几乎包括水体中已知的所有物理化学过程。其参与的化学反应有水合、水解、溶解、中和、沉淀、络合、解离、氧化、还原、有机化等；胶体化学过程有离子交换、表面络合、吸附、解吸、吸收、聚合、凝聚、絮凝等；生物过程有生物摄取、生物富集、生物甲基化等；物理过程有分子扩散、湍流扩散、混合、稀释、沉积、底部推移、再悬浮等。

⑥ 多为可逆性缓冲型污染物　重金属的物理化学行为多具有可逆性，属于缓冲型污染物。无论是形态转化还是物相转化原则上都是可逆反应，能随环境条件而转化。因此沉积的也可再溶解，氧化的也可再还原，吸附的也可再解吸。不过在特定的环境条件下，它们又具有相对的稳定性。

⑦ 产生毒性效应的浓度范围低　一般在 1～10mg/L，毒性较强的重金属如汞、镉等则在 0.001～0.01mg/L 左右。汞、镉、铅、铬、砷，俗称重金属“五毒”，它们的毒性阈值（对生物产生污染的最小计量）都很小。但不同的生物对金属的耐毒能力是不一样的。对水生生物而言，金属的毒性大小一般顺序是 Hg＞Ag＞Cu＞Zn＞Pb＞Cr＞Ni＞Co。就非污染淡水中重金属平均含量而言，各个地方大致相同，如锌为 2～10μg/L，镉为 0.1～0.5μg/L，铅为 0.2～2.0μg/L，铜为 0.3～3.0μg/L。但它们存在的化学形态却有很大的不同。

⑧ 微生物可降解重金属　微生物虽然能降解重金属，但是某些重金属可在土壤微生物作用下转化为金属有机化合物（如甲基汞）产生更大的毒性。同时，重金属对土壤微生物也有一定毒性，而且对土壤酶活性有抑制作用。

⑨ 生物对重金属的积累性 生物摄取重金属是积累性的，各种生物尤其是海洋生物，对重金属都有较大的富集能力。其富集系数可高达几十倍至几十万倍。因此，即使微量重金属的存在也可能构成污染的因素。

⑩ 对人体的毒害是积累性的 重金属摄入体内，一般不发生器质性损伤，而是通过化合、置换、络合、氧化还原、协同或拮抗等化学的或生物化学的反应，影响代谢过程或酶系统，所以毒性的潜伏期较长，往往经过几年或几十年时间才显示出对健康的病变。

2. 重金属在土壤中的迁移转化

（1）重金属在土壤中的迁移

重金属在土壤中的迁移是十分复杂的，影响重金属迁移的因素很多，如金属的化学特性、物理特性和环境条件等。

化学特性方面主要有金属的氧化还原性质、不同形态的沉淀作用和溶解度、水解作用、金属离子在水中的缔合和离解、离子交换过程、络合物及螯合物的形成和竞争、烷基化和去烷基化作用、化学吸附和解吸作用等。

生物特性方面主要有金属在生物系统中的富集作用、进入生物链的情况、生物半衰期的长短、微生物的氧化还原作用、生物甲基化和去甲基化作用、对生物的毒性及生物转化反应等。

物理特性方面主要有金属及其化合物的挥发性、金属颗粒物的吸附和解吸特性、金属的不同形态在类脂性物质中的溶解性、金属透过生物膜扩散迁移的性质以及吸收特性等。

环境特性方面主要有 pH 值、E_h、厌氧条件和好氧条件、有机质含量、土壤对金属的结合特性、环境的胶体化学特性以及气象条件等。

重金属在土壤中的化学行为受土壤的物理化学性质的强烈影响，有以下一些规律：

① 土壤胶体的吸附 土壤胶体吸附在很大程度上决定着重金属的分布和富集，吸附过程也是金属离子从液相转入固相的主要途径，分为非专性吸附和专性吸附两类。

非专性吸附又称极性吸附，这种作用的发生与土壤胶体微粒所带电荷有关。因各种土壤胶体所带电荷的符号和数量不同，对重金属离子吸附的种类和吸附交换容量也不同。

土壤环境中的黏土矿物胶体带有净负电荷，对金属阳离子的吸附顺序一般是：$Cu^{2+}>Pb^{2+}>Ni^{2+}>Co^{2+}>Zn^{2+}>Ba^{2+}>Rb^{2+}>Sr^{2+}>Ca^{2+}>Mg^{2+}>Na^{2+}>Li^{2+}$。其中蒙脱石的吸附顺序是：$Pb^{2+}>Cu^{2+}>Ca^{2+}>Ba^{2+}>Mg^{2+}>Hg^{2+}$；高岭石是：$Hg^{2+}>Cu^{2+}>Pb^{2+}$；带正电荷的氧化铁胶体可以吸附 PO_4^{3-}、VO_4^{3-}、AsO_4^{3-} 等。但是，离子浓度不同，或有络合剂存在时，会打乱上述吸附顺序。因此，对于不同的土壤类型可能有不同的吸附顺序。

② 重金属在土壤中常和腐殖质形成络合物或螯合物 重金属在土壤中的迁移性取决于化合物的溶解度。例如，除碱金属外，胡敏酸与金属形成的络合物，一般是难溶性的，而富里酸与金属形成的络合物一般是易溶性的。Fe、Al、Ti、U、V 等金属与腐殖质形成的络合物易溶于中性、弱酸性或弱碱性土壤溶液中，所以它们也常以络合物形式迁移。

腐殖质对金属离子的吸附交换和络合作用是同时存在的。一般情况是：高浓度时，以吸附交换为主，这时金属多集中在深度为 30cm 以上的表层土壤中；低浓度时，以络合为主，若形成的络合物是可溶性的，则有可能渗入地下水。

③ 土壤 E_h 是影响重金属转化迁移的重要因素 在 E_h 大的土壤里，金属常以高价形态

存在，高价金属化合物一般比相应的低价化合物容易沉淀，故也较难迁移，危害也轻，如Fe、Mn、Sn、Co、Pb、Hg等；在E_h很小的土壤里，比如土壤处于淹水的还原条件下，Cu、Zn、Cd、Cr等也能形成难溶化合物而固定在土壤中，就迁移困难而言，危害较轻。因为在淹水条件下，SO_4^{2-}还原为S^{2-}，后者与上述重金属离子会形成硫化物而沉淀。氧化态的改变还会影响金属形成络合物或螯合物的能力。例如：在森林土壤中Pb(Ⅱ)很少由于降水作用而发生淋溶，因为它被腐殖酸固定为难溶物，故铅在一般情况下不会造成对地下水的污染，而Mn(Ⅱ)在同样的情况下就很容易被淋溶而迁移；反之，若是高价的Pb(Ⅳ)和Mn(Ⅳ)则比前者更容易流失。

④ 土壤的pH值显著影响重金属的迁移　一般规律是：低pH值时吸附量较小；pH值为5～7时，吸附作用突然增强；pH值继续增加时，重金属的化学沉淀占了优势。土壤施用石灰等碱性物质后，重金属化合物可与Ca、Mg、Al、Fe等生成共沉淀。pH＞6时，由于重金属阳离子可生成氢氧化物沉淀，所以迁移能力强的主要是以阴离子形式存在的重金属。

⑤ 生物转化也是重金属迁移的一个重要因素　金属甲基化或烷基化的结果，往往是会增加该金属的挥发性，提高金属扩散到大气圈的可能性。

微生物能够改变金属存在的氧化还原形态，例如，某些细菌对As(Ⅴ)、Fe(Ⅲ)、Hg(Ⅱ)、Hg(Ⅰ)、Mn(Ⅳ)、Se(Ⅳ)、Te(Ⅳ)等元素有还原作用，而另一些细菌又对As(Ⅲ)、Fe(Ⅱ)、Fe(0)、Mn(Ⅱ)、Sb(Ⅲ)等元素有氧化作用，甚至钼、铜、铀等金属可以通过细菌作用而被提取。随着金属氧化还原形态的改变，金属的稳定性也跟着改变。例如，土壤固定砷的能力与土壤中存在的微生物有密切关系。

生物还能大量富集几乎所有的重金属，并通过食物链而进入人体，参与生物体内的代谢过程。一般规律是，高价态金属对生物的亲和力比低价态强，重金属比其他金属更容易为生物所富集。

(2) 重金属在土壤-植物体系中的迁移

植物在生长、发育过程中所需的一切养分均来自土壤，其中重金属元素（如Cu、Zn、Mo、Fe、Mn等）在植物体内主要作酶催化剂。但如果在土壤中存在过量的重金属，就会限制植物的正常生长、发育和繁衍，以至于改变植物的群落结构。近年来研究发现：在重金属含量较高的土壤中，有些植物呈现出较大的耐受性，从而形成耐性群落；或者一些原本不具有耐性的群落，由于长期生长在受污染的土壤中，而产生适应性形成耐性生态型（或称耐型品种）。如日本发现小犬蕨对重金属有很强的耐受性，其叶片富集1000mg/kg的镉、2000mg/kg的锌，仍能生长良好。目前研究一些对重金属具有耐受性、超积累吸收重金属的植物，用以除去土壤中的重金属。

土壤中的重金属主要是通过植物根系毛细胞的作用积累于植物茎、叶和果实部分。重金属可能停留于细胞膜外或穿过细胞膜进入细胞质。植物通过根系从土壤中吸收某些化学形态的重金属，并在植物体内积累，这一方面可以看作是植物对土壤重金属污染的净化，另一方面也可看作是重金属通过土壤对作物的污染。如果这种受污染的植物残体再进入土壤，会使土壤表层进一步富集重金属。从重金属的归宿看，环境中的重金属最终都进入了土壤和水体。

重金属由土壤向植物体内的迁移包括被动转移和主动转移两种。转移的过程与重金属的种类、价态、存在形式以及土壤和植物的种类、特性有关。

① 植物种类　不同植物种类或同种植物的不同植株从土壤中吸收转移重金属的能力是不同的，例如：日本的“矿毒不知”大麦品种可以在铜污染地区生长良好，而其他麦类则不能生长；水稻、小麦在土壤铜含量很高时，由于根部积累铜过多，新根不能生长，其他根根尖变硬，吸收水和养分困难而枯死。

② 土壤种类　土壤的酸碱性和腐殖质的含量都可能影响重金属向植物体内的转移能力。如观察在冲积土壤、腐殖质火山灰土壤中加入 Cu、Zn、Cd、Hg、Pb 等元素后，其对水稻生长的影响，结果表明：Cu、Cd 造成水稻严重的生育障碍，而 Pb 几乎无影响；在冲积土壤中，其障碍大小顺序为 Cd＞Zn＞Cu＞Hg＞Pb；而在腐殖质火山灰土壤中则为 Cd＞Hg＞Zn＞Cu＞Pb。这是由于在腐殖质火山灰土壤中 Cu 与腐殖质结合而被固定，使 Cu 向水稻体内转移大大减弱，对水稻的影响也大大减弱。

③ 重金属形态　将含相同镉量的 $CdSO_4$、$Cd_3(PO_4)_2$、CdS 加入无镉污染的土壤中进行水稻生长试验，结果证明，它们对水稻生长的抑制与镉盐的溶解度有关。土壤 pH 值、E_h 的改变或有机物的分解都会引起难溶化合物溶解度发生变化，从而改变重金属向植物体内转移的能力。

④ 重金属间的复合作用　重金属间的联合作用、协同与拮抗作用，可以大大改变某元素的生物活性和毒性，例如：Pb、Cu、Cd 与 Zn 之间具有协同作用，可促进小麦幼苗对 Zn 的吸收和积累；Pb 与 Cu 之间有拮抗作用，随着 Pb 投加量的增加 Cu 在麦苗中的累积减小。

⑤ 重金属在植物体内的迁移能力　将 Zn、Cd 加入水稻田中，总的趋势是随着 Zn、Cd 的加入量增加，水稻部分的 Zn、Cd 含量增加。但对 Zn 来说，添加量在 250mg/kg 以下时，糙米中 Zn 的含量几乎不变。而 Cd 的添加量大于 1mg/kg 时，糙米中 Cd 的含量就急剧增加。说明 Cd 与 Zn 在水稻体内的迁移能力不同。

二、土壤农药污染

农药是一种泛指性的术语，它包括杀虫剂、杀菌剂、防治啮齿类动物的药物，以及动、植物生长调节剂等。其中主要是杀虫剂、除草剂和杀菌剂。

1. 农药的分类

农药的分类方法较多，主要有以下几种。

(1) 按原料来源和主要成分分类

① 矿物性无机农药：如波尔多液、石硫合剂、磷化锌等；

② 人工合成有机农药：如敌百虫、乐果、稻瘟净等；

③ 微生物农药：如杀螟杆菌、白僵菌、井冈霉素等；

④ 植物性农药：如除虫菊、鱼藤（鱼藤酮）、烟草（烟碱）等。

(2) 按主要用途分类

① 杀虫剂：如敌百虫、敌敌畏、叶蝉散、杀虫双等；

② 杀菌剂：如多菌灵、托布津等；

③ 除草剂：如二甲四氯、五氯酚钠等；

④ 杀螨剂：如三氯杀螨砜、二氯杀螨醇等；

⑤ 杀线剂：如二溴氯丙烷、二氯异丙醚等；

⑥ 杀鼠剂：如磷化锌、安妥等。

（3）按化学成分分类

① 无机农药：包括无机杀虫剂、无机杀菌剂、无机除草剂。如石硫合剂、硫黄粉、波尔多液等。无机农药一般分子量较小，稳定性较差，多数不宜与其他农药混用。

② 生物农药：包括真菌、细菌、病毒、线虫等及其代谢产物。如苏云金杆菌、白僵菌、昆虫核型多角体病毒、阿维菌素等。生物农药在使用时，活菌农药不宜和杀菌剂以及含重金属的农药混用，尽量避免在阳光强烈时喷用。

③ 有机农药：包括天然有机农药和人工合成有机农药两大类。主要可分为五类：有机杀虫剂，包括有机磷类、有机氯类、氨基甲酸酯类、拟除虫菊酯类、特异性杀虫剂等；有机杀螨剂，包括专一性的含锡有机杀螨剂和无锡有机杀螨剂；有机杀菌剂，包括二硫代氨基甲酸酯类、邻苯二甲酰亚胺类、苯并咪唑类、二甲酰亚胺类、有机磷类、苯基酰胺类、甾醇生物合成抑制剂等；有机除草剂，包括苯氧羧酸类、均三氮苯类、氨基甲酸酯类、酰胺类、苯甲酸类、二苯醚类、二硝基苯胺类、有机磷类、磺酰脲类等；植物生长调节剂，主要有生长素类、赤霉素类、细胞分裂素类等。

2. 土壤农药污染源

农药造成土壤污染，主要通过下列途径：

① 农药大部分落入土壤，附着于作物上的农药也因风吹雨淋，或随落叶而输入土壤；

② 直接对土壤消毒；

③ 吸附有农药的尘埃以及呈气溶胶态飘浮于大气中的农药，可通过干沉降，或随雨、雪而降落到土壤中；

④ 引用受农药污染的水源灌溉，农药进入土壤后，与土壤中的物质发生一系列化学、物理化学和生物化学的反应过程。

由于这些过程的发生，农药在土壤环境中迁移、转化、降解，或者残留、累积。

3. 农药在土壤中的迁移转化

进入土壤环境中的农药可以通过挥发、扩散而迁移入大气，引起大气污染；或随水迁移、扩散（包括淋溶和水土流失）而进入水体，引起水体污染；也可通过作物的吸收，导致对农作物的污染，再通过食物链浓缩，进而导致对动物和人体的危害。

农药在土壤中迁移的影响因素很多。

（1）土壤特性

农药在土壤环境中的迁移速率与土壤的孔隙度、质地、结构、土壤水分含量等性质有关。例如，农药在吸附容量小的砂土中易随水迁移，而在黏质和富含有机质的土壤环境中则不易随水迁移。一般农药在土壤环境中移动均较慢，最慢的是氯代烃类，如六六六、DDT等；而酸性农药，如三氯乙酸、毛草枯等移动最快，其次是取代脲类和均三氮杂苯类。由于一般农药在土壤环境中的移动性都很弱，所以，残留在土壤中的农药多存在于上部30cm的表土层内，而土体深处就很少。因此，农药对地下水的污染没有对地表水的污染严重。

（2）环境的温度

许多实验都证明，土壤对一般农药的吸附为放热反应，降低温度，有利于吸附的进行；升高温度，则有利于解吸。环境温度越高，则迁移的速率越快。

（3）农药特性

农药的蒸气压和水溶性对农药迁移有重要影响。农药的蒸气压越高，则迁移的速率越快。一些在土壤环境中溶解度大的农药可直接随水流入江河、湖泊；一些难溶性的农药主要附着于土壤颗粒上，随雨水冲刷，连同泥沙流入江河。

总的来说，农药进入土壤后主要通过以下几种方式实现迁移转化：

(1) 土壤对农药的吸附作用

进入土壤的农药通过物理吸附、物理化学吸附、氢键结合和配价键结合等形式吸附在土壤颗粒的表面，从而使农药残留于土壤中。农药在土壤环境中的物理与物理化学行为在很大程度上受土壤的吸附与解吸能力所制约。土壤对农药的吸收不仅会影响农药在土壤中的挥发与移动性能，而且还会影响到农药在土壤中的生物与化学降解特性。因此，研究农药在土壤中的吸附与解吸能力是评价农药在环境中行为的一个重要指标。

(2) 农药在土壤中的降解

农药在土壤中的降解包括光化学降解、化学降解和微生物降解等。

① 光化学降解　土壤表面因受太阳辐射能和紫外光能而引起的农药的分解，称为光化学降解。光分解现象，主要有异构化、氧化、水解和置换反应，大部分除草剂、DDT 以及某些有机磷农药等都能发生光化学降解。

通常认为，在光解过程中首先是光能使农药分子中的化学键断裂而形成自由基，这种自由基是异常活跃的中间产物。然后，自由基再与溶剂或其他反应物作用，得到光解产物。这些光解作用是使其毒性降低。但是，有的农药发生光化学反应反而使毒性增大。例如，紫外光照射能使很多硫代磷酸酯类农药转变为毒性更强的化合物。这是光氧化或光异构化作用的结果。已经证明，甲基对硫磷、对硫磷、乐果、苯硫磷等，均能发生光化学变化使其毒性增大。

② 化学降解　化学降解可分为催化反应和非催化反应。催化反应主要指药剂被吸附在黏粒表面发生催化降解而失去毒性。非催化反应包括水解、氧化、异构化、离子化等，其中以水解和氧化最为重要。

各种磷酸酯或硫代磷酸酯类农药易受水解，其水解速率极为重要，因为它们一经水解就会失去毒性和活性。农药的水解速率与化学结构及反应条件有关。在水溶液中，大多数有机磷农药在 pH 值在 1～5 时最稳定，但是在碱性溶液中稳定性低得多。例如，当 pH 值为 7～8 时，水解速率猛升，pH 值每增加一个单位，水解速率几乎增加 10 倍。温度的影响也很大，大约温度每升高 10℃，水解速率就加大 4 倍。

在碱性条件下的水解反应，实际上是羟基离子的催化水解作用。在土壤环境中，除受碱性催化水解作用外，有机磷农药尚可受某些金属离子或金属离子与某些螯合剂结合的螯合物催化水解。例如，土壤中的氨基酸与 Cu、Fe、Mn 等金属离子所组成的螯合物就是很好的有机磷农药水解的催化剂。

无机金属离子除能促进农药的水解外，还可促进某些氧化还原反应的进行。

③ 微生物降解

a. 脱氯作用　有机氯农药 DDT 等化学性质稳定，在土壤中残留时间长，可通过微生物作用脱氯，使 DDT 变成 DDD，或是脱氢脱氯变为 DDE，而 DDE 和 DDD 都可进一步氧化为 DDA。DDT 在好气条件下分解很慢，降解产物 DDE、DDD 的毒性虽比 DDT 低得多，但 DDE 仍然有慢性毒性，而且其水溶性比 DDT 大。对此类农药，要注意其分解产物在环境中的积累。

b. 脱烷基作用　如三氯苯农药大部分为除草剂，微生物常使其发生脱烷基作用。不过这种作用并不伴随去毒作用。

c. 酰胺、酯的水解　如磷酸酯农药对硫磷、马拉硫磷、苯酰胺类除草剂等，它们在土壤微生物作用下，引起酰胺和酯键发生水解而很快被分解。如对硫磷在微生物作用下，只要几天时间就可被分解，毒性基本消失。对这类农药，要注意使用过程中的急性中毒。

d. 苯环破裂作用　许多土壤细菌和真菌都能使芳香环破裂，这是环状有机物在土壤中彻底降解的关键。

综上所述，农药在土壤中经生物和非生物的降解作用，化学结构发生明显改变。有些剧毒农药，一经降解就失去毒性，而另一些农药，虽然自身的毒性不大，但它的分解产物可能毒性增加，还有些农药，其本身和代谢产物都有较大的毒性。所以，在评价一种农药是否对环境有污染时，不仅要看农药本身的毒性，而且还要注意降解产物是否有潜在危害性。

4. 农药在土壤中的残留

由于各种农药的化学结构、性质不同，因此其在环境中的分解难易也不同。在一定的土壤条件下，每一种农药都有各自相对的稳定性，它们在土壤中的持续性是不同的。农药在土壤中的持续性常用半衰期和残留期来表示。半衰期是指施药后附着于土壤的农药因降解等原因含量减少一半所需要的时间，残留期是指土壤的农药因降解等原因含量减少75%～100%所需要的时间。

许多实验结果表明，有机氯农药在土壤中残留期最长，一般都有数年至二三十年之久；其次是均三氮杂苯类、取代脲类和苯氧乙酸类除草剂，残留期一般在数月至一年左右；有机磷和氨基甲酸类的一些杀菌剂，残留时间一般只有几天或几周，在土壤中很少有积累。但也有少数有机磷农药在土壤中的残留期较长，如二嗪农的残留期可达数月之久。

各种农药在土壤中残留时间的长短，除主要取决于农药本身的理化性质外，还与土壤质地、有机质含量、酸碱度、水分含量、土壤微生物群落、耕作制度和作物类型等多种因素有关。例如，农药在有机质含量高的土壤中比在砂质土壤中残留的时间长，其顺序为：有机质土壤＞砂壤＞粉砂壤＞黏壤（见表4-5）。

表4-5　治线磷在不同土壤中的半衰期

土壤类型	半衰期/周	土壤类型	半衰期/周
有机质土壤	10	粉砂壤	4
砂壤	6	黏壤	1.5

在有机质含量高的土壤中，农药残留期较长的原因，有人认为是农药可溶于土壤有机质中的酯类，使之免受细菌的分解所致。

土壤pH值较高时，一般农药的消失速率均较快。例如，对硫磷“1605”在碱性土壤中的残留量比在酸性土壤中少20%～30%。此外，一般土壤在水分适宜、温度较高时，农药的残留期均相对较短。

土壤微生物的种群、数量、活性等均对农药的残留期产生很大影响。设法筛选和培育能够分解某种农药的微生物，然后将此微生物施放入土壤，并创造良好的土壤环境条件，以促进微生物的繁殖和增强活性，乃是消除土壤农药污染的重要措施。

近十多年来，人们应用同位^{14}C示踪技术和燃烧法研究土壤中农药残留的动态，发现土壤中存在着结合态农药残留物，其数量占到农药施用量的7%～90%。同时提出了一个新的概念，即农药的键型残留问题。在此之前所谓农药在土壤中的残留主要认为是以有机溶剂反复萃取土壤中的农药所得到的残留物。但是，现在发现有些农药施于土壤中，其农药分子本身或分解代谢的中间产物如苯胺及其衍生物能与土壤有机物结合，生成稳定的键型残留物，并能长期残留在土壤中，而不为一般有机溶剂所萃取。这种结合态的农药残留物的生物效应、毒性及其对土壤性质和环境的影响，目前知之甚少。关于农药及其分解的中间产物在土壤中的键型残留问题，引起了环境科学工作者的注意。

各种农药在土壤中残留时间的长短，对环境保护工作与植物保护工作两者的意义是不同的。对于环境保护来说，希望各种农药的残留期越短越好。但是，从植物保护的角度来说，如果残留期太短，就难以达到理想的防治效果，特别是用作土壤处理的农药，更是希望残留期要长一些，才能达到预期的目的。因此，对于农药残留期的评价，要从防止污染和提高药效两方面来衡量，两者不能偏废。从理想来说，农药的毒性、药效保持的时间要能长到足以控制目标生物，又衰退得足够快，以致对目标生物无持续影响，并免于环境遭受污染。

知识自测

1. 土壤由哪些物质组成？土壤有哪些性质？

2. 土壤中重金属有哪些存在形态？土壤的pH值和氧化还原电位对土壤中重金属的形态有什么影响？

3. 农药进入土壤后发生哪些迁移转化过程？试分析这些过程对农产品质量的影响。

4. 影响农药在土壤中残留的主要因素有哪些？既然农药的使用导致土壤污染，为何不能让农民舍弃农药？有哪些措施可以平衡这些利害关系？

技能训练
土壤中铜的形态分析

一、实验目的

(1) 了解土壤中重金属的存在形态及其生物有效性。

(2) 学习用Tessier连续浸提法分析土壤中重金属的形态。

二、实验原理

Tessier连续浸提法是连续用氯化镁溶液、乙酸钠溶液、盐酸羟胺溶液、硝酸-过氧化氢混合液、王水-高氯酸混合液萃取沉积物或土壤样品，并把每步操作可萃取出的重金属进行形态的划分。5种萃取液分别对应于重金属的可交换态、碳酸盐结合态、铁锰氧化物结合态、有机结合态和残渣态5种形态。此5种形态重金属的活动性和毒性依次降低。一般认为，可交换态的重金属活性较大，易被生物所利用，常表现出较大的毒性；碳酸盐结合态、铁锰氧化物结合态以及有机结合态的金属，在一般条件下较为稳定，不易被生物所吸收和利用，毒性相对较弱；而残渣态的金属性质相当稳定，基本不被生物所利用。在本实验中各种形态重金属的含量用火焰原子吸收分光光度计测定。

三、仪器与试剂

1. 仪器

（1）低速离心机。

（2）振荡器。

（3）恒温水浴锅。

（4）pH 计。

（5）火焰原子吸收分光光度计：配火焰原子化器及铜的空心阴极灯。

2. 试剂

（1）氯化镁溶液：1mol/L。称取结晶氯化镁 102.00g，用去离子水溶解、定容至 500mL。

（2）乙酸钠溶液：1mol/L。称取结晶乙酸钠 68.00g 溶于 400mL 去离子水中，用乙酸溶液调节 pH 为 5.0 后加去离子水至 500mL。

（3）25%（体积分数）乙酸溶液：取 25mL 95%乙酸溶液用去离子水定容至 100mL。

（4）盐酸羟胺溶液：0.04mol/L。称取分析纯盐酸羟胺 1.4g 溶于 500mL25%的乙酸溶液中。

（5）硝酸溶液：0.02mol/L。取 1.33mL 浓硫酸溶于 1000mL 去离子水中。

（6）30%过氧化氢溶液：分析纯。

（7）1∶4（体积比）硝酸溶液：取 250mL 浓硝酸用二次去离子水稀释定容至 1000mL。

（8）乙酸铵溶液：1.0mol/L。称 38.6g 乙酸铵，用 1∶4 硝酸溶液溶解，定容至 500mL。

（9）王水：取 60mL 浓盐酸、20mL 浓硝酸，混合。

（10）高氯酸：分析纯。

（11）0.5%硝酸溶液：取 1mL 浓硝酸，用去离子水稀释定容至 200mL。

四、实验步骤

（1）准确称取研磨后的干燥土样 2.0g 于塑料离心管中，加入 15.0mL 1mol/L 氯化镁溶液振荡 2h，300r/min 下离心 5min，倾出上清液（如有悬浮物应过滤，以下步骤同），再加入 5.0mL 1mol/L 氯化镁溶液振荡 5min，300r/min 下离心 5min，合并两次上清液于聚乙烯瓶中待测，用于确定可交换态的金属含量。

（2）在步骤（1）残渣中加入 15.0mL 1mol/L 乙酸钠溶液振荡 5h，300r/min 下离心 5min，倾出上清液，再加入 5.0mL 1mol/L 乙酸钠溶液振荡 5min，300r/min 下离心 5min，合并两次上清液于聚乙烯瓶中待测，用于确定碳酸盐结合态的金属含量。

（3）在步骤（2）残渣中加入 15.0mL 0.04mol/L 盐酸羟胺溶液，96℃水浴加热下间歇振荡 6h，离心，倾出上清液，再加入 5.0mL 1mol/L 盐酸羟胺溶液振荡 5min，离心，合并两次上清液，保存于聚乙烯瓶中待测，用于测定铁-锰氧化物结合态的金属含量。

（4）在步骤（3）残渣中加入 6.0mL 0.02mol/L 硝酸溶液和 4.0mL 30%过氧化氢溶液，在 85℃水浴下间歇振荡 2h，再加入 5.0mL 30%过氧化氢溶液，85℃水浴加热间歇振荡 3h，冷却后再加入 5.0mL 1.0mol/L 乙酸铵溶液振荡 10min，离心过滤，再加入 5.0mL 0.02mol/L 硝酸溶液振荡 2min 洗涤残渣，离心过滤，合并滤液保存于聚乙烯瓶中待测，用于确定有机结合态的金属含量。

(5) 将步骤 (4) 的残渣移入小烧杯或小三角瓶中蒸干，放上表面皿或歪颈小漏斗，加入 10.0mL 王水慢慢加热近干，再加 4.0mL 高氯酸，高温加热至白烟冒尽。稍冷过滤，用 0.5%硝酸溶液将滤液分若干次洗入 50mL 容量瓶中，定容，保存于聚乙烯瓶中待测，用于确定残渣态的金属含量。

(6) 样品的测定：用火焰原子吸收分光光度计测定各步所得样品中的重金属含量。

五、教据处理与分析

土壤样品中各种形态的重金属 Cu 含量（A，mg/kg）用下式计算：

$$A=cV/m$$

式中 c——每种形态对应的上清液中重金属浓度，mg/L；

V——浸提液体积，mL；

m——土样质量，g。

根据实验数据分析土壤中铜的形态分布规律，分析比较铜元素的迁移能力和生物可利用性。

六、思考题

(1) 为什么要对土壤中的重金属进行形态分析？分析时需注意些什么？

(2) 思考 Tessier 萃取法存在哪些不足之处。

(3) 查阅文献，了解 Tessier 萃取法的改进及新的应用。

延伸阅读

汞在环境中的形态与迁移转化

汞在土壤环境中的迁移转化，既受到汞自身化学性质的影响，也受到土壤环境因素的影响。

1. 汞在土壤环境中的形态

土壤中的汞按其化学形态可分为金属汞、无机结合态汞和有机结合态汞。在各种含汞化合物中，以烷基汞化合物，如甲基汞、乙基汞的毒害性最强。

土壤中的汞以三种价态存在：0 价，+1 价，+2 价。与其他金属不同，汞的重要特点是，在正常的土壤 E_h 和 pH 值范围内，汞能以零价（单质汞）存在于土壤中。由于单质汞在常温下有很高的挥发性，除部分存在于土壤中以外，还以蒸气形态挥发进入大气圈，参与全球的汞蒸气循环。金属汞以及汞蒸气在环境中是普遍存在的。

Hg^{2+} 在含有 H_2S 的还原性条件下，将生成极难溶的硫化汞（$K_{sp}=2\times10^{-52}$），因此，汞主要以 HgS 的状态残留于土壤中。但是，HgS 被植物吸收也极为困难。当土壤中氧气充足时，HgS 又可慢慢氧化成亚硫酸汞和硫酸汞。

2. 土壤胶体对汞的吸附特征

土壤中的各类胶体对汞均有强烈的表面吸附（物理吸附）和离子交换吸附作用。Hg^{2+}、Hg_2^{2+} 可被带负电荷的胶体吸附，$HgCl_3^-$ 等可被带正电荷的胶体吸附。这种吸附作用是使汞以及其他许多微量重金属从被污染的水体中转入土壤固相的最重要途径之一。而不同的黏土矿物对汞的吸附力有很大差别。

此外，土壤对汞的吸附还受 pH 值，以及汞浓度的影响。当土壤 pH 值在 1～8 时，则随着 pH 值的增大吸附量逐渐增大；当 pH>8 时，吸附的汞量基本不变。

土壤胶体对甲基汞的吸附作用与对氯化汞的吸附作用大体相同。但是，其中腐殖质对 CH_3Hg^+ 的吸附能力远比对 Hg^{2+} 的吸附能力弱得多。因此，土壤中的无机汞转化成 CH_3Hg^+ 以后，随水迁移的可能性增大。同时，由于二甲基汞（CH_3HgCH_3）的挥发度较大，被土壤胶体吸附的能力也相对较弱，二甲基汞较易发生气迁移和水迁移。

3. 无机和有机配位体对汞的络合-螯合作用

土壤中最常见的汞的无机络离子如下：

$$Hg^{2+} + H_2O \longrightarrow HgOH^+ + H^+$$
$$Hg^{2+} + 2H_2O \longrightarrow Hg(OH)_2 + 2H^+$$
$$Hg^{2+} + 3H_2O \longrightarrow Hg(OH)_3^- + 3H^+$$
$$Hg^{2+} + Cl^- \longrightarrow HgCl^+$$
$$Hg^{2+} + 2Cl^- \longrightarrow HgCl_2$$

当土壤溶液中 Cl^- 浓度较高时（大于 10^{-2} mol/L），可能有 $HgCl_3^-$ 生成：

$$Hg^{2+} + 3Cl^- \longrightarrow HgCl_3^-$$

OH^-、Cl^- 对汞的络合作用大大提高了汞化合物的溶解度。因此，一些研究者曾提出应用 $CaCl_2$ 等盐类来消除土壤汞污染的可能性。

土壤中的有机配位体，如腐殖质中的羟基和羧基，对汞有很强的螯合能力。加之腐殖质对汞离子有很强的吸附能力，致使土壤中腐殖质的汞含量远高于土壤矿物质部分的汞含量。

4. 汞的甲基化作用

1967 年瑞典学者 Jensen 首先提出，淡水底泥中的厌氧细菌，可以将 Hg^{2+} 甲基化形成甲基汞。后来美国学者 Wood 证明，有一种辅酶能使甲基钴氨素中的甲基与 Hg^{2+} 结合生成 CH_3Hg^+，也可以生成二甲基汞 $(CH_3)_2Hg$，不过生成甲基汞的速率比生成二甲基汞的速率快得多。

汞的甲基化除了可在微生物作用下发生外，还可在非生物因素作用下进行，只要存在甲基给予体，汞就可以甲基化。

土壤的温度、湿度、质地，以及土壤溶液中汞离子的浓度，对汞的甲基化都有一定影响。一般说来，在水分较多、质地较黏重、地下水位过高的土壤中，甲基汞的产生比在砂性、地下水位低的土壤中容易得多。甲基汞的形成与挥发度都和温度有关。温度升高虽有利于甲基汞的形成，但其挥发度也随之增大。有人做过这样的实验，在低温下（4℃），土壤中甲基汞净增；而在高温下（36℃），土壤中甲基汞净减。另据有关材料说明，从灭菌和未灭菌的土壤试验中都发现了土壤结构对甲基汞形成的影响。黏土含甲基汞最多，壤土次之，砂土最小。其原因可能是随着黏土含量的增加，有机物的含量也有所增加，而甲基化作用正是由于有机物或与黏土结合的有机物的存在，在有利于微生物生长的条件下，可望具有最大的甲基汞生物合成速率。

土壤中的甲基汞等有机汞化合物，也可以被降解为无机汞。苏联的弗鲁卡娃和托纳姆拉从苯污染的土壤中分离出假单胞杆菌属（*Pseudomonas*）K-62菌株。这种菌能吸收无机汞和有机汞化合物，并将其还原为金属汞，排出体外。可见，元素汞及各种类型的汞化合物，在土壤环境中是可以相互转化的，只是不同的条件下，其迁移转化的主要方向有所不同而已。但是，汞在土壤环境中的迁移转化的复杂性，给汞污染的治理工作带来许多麻烦。

镉在土壤中的形态与迁移转化

1. 镉在土壤环境中的赋存形态

镉在土壤溶液中可以简单离子或简单络离子形式存在。在土壤中 $Cd^{2+} \rightarrow Cd^0$ 的反应不存在，只能以 Cd^{2+} 和其化合物进行迁移、转化。一般当pH值小于8时，为简单的 Cd^{2+}；pH值为8时，开始生成 $Cd(OH)^+$；而 $CdCl^+$ 的生成，必须在 Cl^- 的浓度大于35mg/kg时才有可能。与无机配位体组成的络合物的稳定性有以下顺序：

$$SH^- > CN^- > P_3O_{10}^{5-} > P_2O_7^{4-} > CO_3^{2-} > OH^- > PO_4^{3-} > NH_3 > SO_4^{2-} > I^- > Br^- > Cl^- > F^-$$

在环境中，从含氧的地表水到厌氧的淤泥，镉在各种环境下的质量平衡和分配，都受到这一亲和力顺序的制约。在同一配位体的情况下，则受配位体浓度的制约。

有研究表明，大多数土壤溶液中Cd的主要形态为 Cd^{2+}、$CdCl^+$、$CdSO_4$，石灰性土壤中还有 $CdHCO_3^+$，其他形态如 $CdNO_3^+$、$Cd(OH)^+$、$CdHPO_4$ 等很少，几乎可以忽略不计。同时，由于 Cd^{2+} 与有机配位体的络合能力弱，故也可不计。

土壤中呈吸附交换态的镉所占比例大，这是因为土壤对镉的吸附能力很强，且是一个快速过程，95%以上发生在10min之内，1h后达到平衡，其吸附率取决于土壤的类型和特性。在pH值为6（10^{-3}mol/L $CdCl_2$）时，大多数土壤对镉的吸附率在80%～95%，并依下列顺序递降：腐殖质土壤＞重壤质冲积土＞壤质土＞砂质冲积土。可见镉的吸附率与土壤中胶体的含量，特别是有机胶体的含量有密切关系。

此外，碳酸钙对Cd的吸附非常强烈。对 Cd^{2+}、$CaCO_3$ 的表面行为的研究表明，Cd^{2+} 与 $CaCO_3$ 首先发生一种快速反应，即 Cd^{2+} 与 $CaCO_3$ 表面进行的交换反应：

$$Cd^{2+} + CaCO_3 = Ca^{2+} + CdCO_3$$

随后发生慢反应，它是由 Cd^{2+} 与 Ca^{2+} 在极端无序的 $CaCO_3$ 表面重新结晶形成组成为 $Cd_xCa_{1-x}CO_3$ 的解吸速率非常低的表面相，从而大大降低了土壤中 Cd^{2+} 的浓（活）度。这些表面相被专家认为是化学吸附复合物、表面沉淀或固相溶液等。

土壤中的难溶性镉化合物，在旱地土壤中以 $CdCO_3$、$Cd_3(PO_4)_2$ 和 $Cd(OH)_2$ 的形态存在，其中以 $CdCO_3$ 为主（或以碳酸盐结合态存在），尤其在pH值大于7的石灰性土壤中。而在水田中则是另一种情况，镉多以CdS的形式存在于土壤中。

土壤中呈铁锰结合态、有机结合态的镉在总量中所占的比例甚小。

2. 镉的生物迁移特征

镉对于作物生长是非必需元素。但是，它非常容易被植物吸收，只要土壤中镉的含量稍有增加，就会使作物体内镉含量相应增高。与铅、铜、锌、铬、砷等相比，土壤镉的环境容量要小得多，这是土壤镉污染的一个重要特点。因此，为控制土壤镉污染所制定的土壤环境标准较为严格，我国暂定1.0mg/kg为标准。

日本伊藤秀文等做的水稻水培实验表明，水稻对水中镉的富集作用很强，其结果是水稻镉含量为水中镉含量的8000倍，地上部分为2400倍，糙米浓缩程度也达500倍。即使在镉浓度低于水环境标准的情况下，生长也会受到阻碍，并产出高镉含量的污染米。水稻各器官对镉的浓缩系数按“根＞杆＞叶鞘＞叶身＞稻壳＞糙米”的顺序递减，这主要是由于各器官的过滤作用，因而向糙米中迁移较少。可是，水溶液中镉浓度只有0.0082mg/L时，糙米中镉浓度仍可高达4.2mg/kg。因此，伊藤秀文等人认为关于镉的水环境标准有重新加以研究的必要。

在土壤环境中，凡是能影响到镉在土壤中的赋存形态的因素，都可以影响镉的生物迁移。随着土壤酸度的增大，水溶态镉相对增加，植物体内吸收的镉量也有所增加。有关的研究结果表明，土壤在E_h值为−200～400mV、pH值为5～7的条件下，水稻的镉吸收量有衰减。但总的来说，水稻的总镉吸收和幼苗的镉吸收，均随E_h值的增大和pH值的减小而增加。

此外，土壤增施石灰、磷酸盐等化学物质，可相对减少植物对镉的吸收。

对镉污染的土壤研究证明，Cd和Zn、Pb等含量存在一定的相关性。镉含量高的地方，Zn、Pb、Cu含量也相应地较高。而镉的生物迁移还受相伴离子，如Zn^{2+}、Pb^{2+}、Cu^{2+}、Mn^{2+}、Ca^{2+}、K^{+}、PO_4^{3-}等的交互作用的影响。

铅在土壤中的形态与迁移转化

土壤中的铅主要以$Pb(OH)_2$、$PbCO_3$、$Pb_3(PO_4)_2$等难溶态形式存在，而可溶性的铅含量极低。这是由于铅进入土壤时，开始可能有卤化物形态的铅存在，但它们在土壤中可以很快转化为难溶性化合物，使铅的移动性和被作物的吸收都大大降低。因此，铅主要积累在土壤表层。

C. N. Reddy等发现，随着土壤E_h值的升高，土壤中可溶性铅的含量降低，这是由于在氧化条件下土壤中的铅与高价铁、锰的氢氧化物结合在一起，降低了可溶性铅的含量。

土壤中的铁和锰的氢氧化物，特别是锰的氢氧化物，对Pb^{2+}有强烈的专性吸附能力，对铅在土壤中的迁移转化，以及铅的活性和毒性影响较大。它是控制土壤溶液中Pb^{2+}浓度的一个重要因素。

土壤pH值对铅在土壤中的存在形态影响也很大。一般可溶性铅在酸性土壤中含量较高。这是由于酸性土壤中的H^+可以部分地将已被化学固定的铅重新溶解而释放出来，这种情况在土壤中存在稳定的$PbCO_3$时尤其明显。

土壤中的铅也可以离子交换吸附态的形式存在，其被吸附程度取决于土壤胶体负电荷的总量、Pb的离子势，以及原来吸附在土壤胶体上的其他离子的离子势。有关研究也指出，土壤对Pb^{2+}的吸附量和土壤交换性阳离子的总量间有很好的相关性。

另外，铅也能和配位基结合形成稳定的络合物和螯合物。

在大多数的土壤环境中，Pb^{2+}是铅唯一稳定的氧化态。E_h或pH值的变化所影响的只是与之结合的配位基而不是金属本身。

另据有关资料说明，在施用污泥后的土壤中以碳酸盐形态存在的Pb的比例最高，其次为硫化物和有机态，而水溶性或交换态Pb只占总量的1.1%～3.7%。

植物从土壤中吸收铅主要是吸收存在于土壤溶液中的Pb^{2+}。用乙酸和EDTA浸提法，测定的土壤中可溶态铅，约占土壤总铅量的1/4。这些铅是可能被植物吸收的，但不一定在短期内都被吸收。

植物吸收的铅绝大部分积累于根部，而转移到茎叶、种子中的很少。这一点与镉有所不同。另外，植物除通过根系吸收土壤中的铅以外，还可以通过叶片上的气孔吸收污染空气中的铅。

土壤的酸碱度对植物吸收铅的影响是较为明显的，当土壤pH值由5.2增至7.2时，作物根部的铅含量降低，这是由于随着pH值的增高，铅的可溶性和移动性降低，以致影响到植物对铅的吸收。

铅在土壤环境中的迁移转化和对植物吸收铅的影响，还与土壤中存在的其他金属离子有密切关系。据有关资料说明，在非石灰性土壤中，铝可与铅竞争而被植物吸收。当土壤中同时存在Pb和Cd时，Cd的存在可能降低作物（如玉米）体内Pb的浓度，而Pb会增加作物体内Cd的浓度。当土壤中投加的铅量>300mg/kg时，铜对植物吸收铅有明显的拮抗作用；当铅的浓度相当于本底时，铜的拮抗作用不明显。

如前所述，土壤中铁、锰的氢氧化物对Pb^{2+}有强的专性吸附能力，显然也能较强烈地控制植物对Pb^{2+}的吸收。土壤缺磷时植物吸收铅有显著增加，在供磷条件下，土壤及植物中形成磷酸铅沉淀，磷对铅有解毒作用，可与细胞液中极少量的铅形成沉淀。

铬在土壤中的形态与迁移转化

土壤中的铬主要是3价铬（Cr^{3+}和CrO_2^-）和6价铬（$Cr_2O_7^{2-}$和CrO_4^{2-}），其中以3价铬［如$Cr(OH)_3$］最为稳定。在土壤正常的pH值和E_h范围内，铬能以四种形态存在，即Cr^{3+}、CrO_2^-、$Cr_2O_7^{2-}$和CrO_4^{2-}。在强酸性土壤中一般很少存在6价铬化合物，但在弱酸性和弱碱性土壤中，可有6价铬化合物的存在。

土壤中的3价铬和6价铬可以互相转化。6价铬可被2价铁离子、溶解性的硫化物和某些带羟基的有机化合物还原为3价铬。一般当土壤有机质含量大于2%时，6价铬几乎全部被还原为3价铬。根据标准电极电位的大小，从理论上讲，在通气良好的土壤中，3价铬可被二氧化锰氧化，也可被水中溶解氧缓慢氧化而转变成6价铬。其相互转化的方向和程度主要取决于土壤环境的pH值和E_h值。

土壤中3价铬化合物的溶解度一般都很低，而且不溶性的6价铬含量本来就很少，所以土壤中可溶性铬含量较低。含铬废水中的铬进入土壤后，也多转变为难溶性铬，大部分残留积累于土壤表层。据有关材料说明，土壤中只有0.006%～0.28%的铬是可溶性的，而且3价铬化合物的溶解度与土壤pH值的关系很密切，在土壤正常pH值范围内3价铬可达到其最低溶解度允许的含量（见图4-3）。因此，土壤中作物可吸收的铬一般很少。

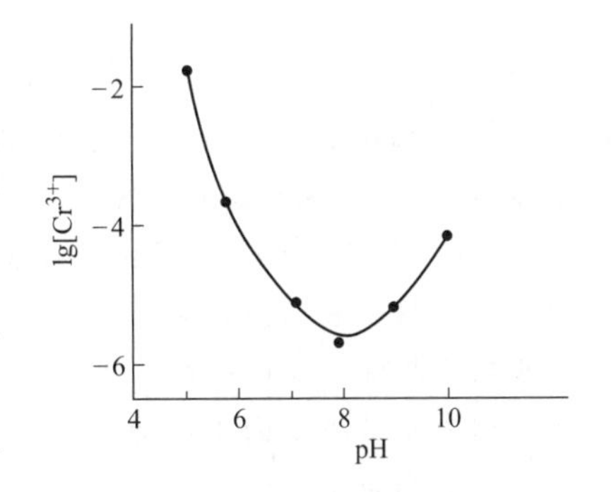

图4-3 铬(Ⅲ)溶解度与pH值的关系

土壤中的铬也可部分呈吸附交换态存在。土壤胶体对铬的强吸附作用是使铬的迁移能力和可溶性降低的原因之一。带负电荷的胶体可以交换吸附以阳离子形式存在的3价铬离子［Cr^{3+}、$Cr(H_2O)_6^{3+}$、或$Cr(OH)_2^+$等］，Cr^{3+}甚至可置换黏土矿物晶格中的Al^{3+}。而带正电荷的胶体可交换吸附以阴离子形式存在的铬离子（$Cr_2O_7^{2-}$、CrO_4^{2-}、CrO_2^-）。但是，6价铬离子活性很强，一般不会被土壤强烈地吸附，因而在土壤中易迁移。铬对地下水的污染已有报道，特别是土壤溶液中有过量的正磷酸盐时，则可阻碍$Cr_2O_7^{2-}$和CrO_4^{2-}的吸附，因为磷酸根的相对交换吸附能力大于6价铬离子，而Cl^-、SO_4^{2-}、NO_3^-的相对交换吸附能力小于6价铬离子，所以这些阴离子的存在对6价铬离子的交换吸附没什么影响。

土壤中的不同胶体，对铬的吸附能力有很大差异。如土壤中的氧化铁或氧化铁的水合物对铬的吸附能力很大，远非高岭石和蒙脱石可比。

土壤中有机质含量的多少，不仅对3价铬和6价铬的相互转化起重要作用，同时对它们的化学性质也有很大影响。例如：当3价铬吸附在动植物残体的分解产物上时，活性较强；当存在于矿物时，活性一般较低。其活性的大小有赖于所属矿物的风化度和溶解度。

受铬污染的土壤，其中的铬可借风力而随表层土壤颗粒迁移入大气，也可被植物吸收进而通过食物链进入人体。有关单位曾经应用中子活化技术研究含铬废水在土壤和农作物中的变化规律，结果表明，在水稻盆栽试验条件下，灌溉水中0.28%～15%的铬被水稻吸收，85%～99%的铬累积于土壤中，并几乎全部集中在0～5cm的土壤表层。当灌溉水中的铬的浓度分别为10.25mg/L和50mg/L时，上层土壤中铬的浓度可分别增加25%～243%。这说明，用含铬量在10mg/L以上的工业废水灌溉农田，会迅速引起土壤耕作层中铬的积累。虽然迁移入作物体内的铬量很少，但是毕竟有少量铬进入作物体内。研究结果还表明，水稻吸收的铬能转移到植株的茎、叶、谷壳、糙米等部位，各部位的含量顺序是：稻草＞谷壳＞糙米；具体数据为92%左右的铬积累于茎叶中，5%左右积累于谷壳中，3%左右积累于糙米中。

此外，作物对6价铬和3价铬的吸收量、吸收速率及积累部位，因作物种类的不同而有所不同。如烟草对6价铬有选择吸收性，而玉米则有拒绝吸收6价铬的特性。水稻对3价或6价铬都能吸收，但对6价铬的吸收远大于对3价铬的吸收，并且6价铬易于从茎叶转移至糙米中，而3价铬转移到糙米中的数量较小，这可能与3价铬较易于和蛋白质结合有关。国外的研究表明，3价铬的生物活性及毒性较低，这是因为它通过生物膜的运动常受到限制。即在生理pH值范围内，3价铬易与一些生物分子络合，与蛋白质强烈键合，或生成氢氧化铬凝胶，不易透过生物膜进入生物体内，而6价铬较易透过生物膜，所以，6价铬的生物活性和毒性大于3价铬。

砷在土壤中的形态与迁移转化

在一般的pH值和E_h值范围内，砷主要以正3价态和正5价态存在于环境中。水溶性的部分多为AsO_4^{3-}、$HAsO_4^{2-}$、$H_2AsO_4^-$、AsO_3^{3-}、$H_2AsO_3^-$等阴离子形式，总量常低于1mg/kg，一般只占土壤全砷的5%～10%。一方面，进入土壤中的水溶性砷很容易与土壤中的Fe^{3+}、Al^{3+}、Ca^{2+}、Mg^{2+}等金属离子生成难溶性砷化物；另一方面，土壤中的砷大部分与土壤胶体相结合，呈吸附状态，且吸附得牢固，这是因为砷酸根或亚砷酸根阴离子的相对吸附交换能力大的缘故。也正是由于上述两个原因，含砷的污染物进入土壤后，主要积累于土壤表层，很难向下移动。我国土壤对砷的吸附能力顺序是：红壤＞砖红壤＞黄棕壤＞黑土＞碱土＞黄土。

土壤吸附砷的能力，主要与土壤带正电荷的胶体，特别是游离氧化铁的含量有关。氢氧化铁吸附的能力等于氢氧化铝的两倍以上。此外，黏土矿物表面上的铝离子也可以吸附砷。但是，有机胶体对砷无明显的吸附作用，因为它一般带净负电荷。

土壤中溶解态、难溶态以及吸附态砷之间的相对含量与土壤E_h、pH值的关系密切。pH值的升高和E_h的下降，可显著提高土壤中砷的溶解性。这是因为，随着pH值的升高，土壤胶体上正电荷减少，因此对砷的吸附量降低，可溶性砷的含量增高。同时，随着E_h的下降，砷酸还原为亚砷酸：

$$H_3AsO_4 + 2H^+ + 2e \longrightarrow H_3AsO_3 + H_2O$$

而AsO_4^{3-}的吸附交换能力大于AsO_3^{3-}，所以砷的吸附量减小，可溶性砷的含量相应增高。土壤E_h的降低，除直接使5价砷还原为3价砷以外，还会使砷酸铁以及以其他形式与砷酸盐相结合的3价铁还原为比较容易溶解的亚铁形式，因此，溶解性砷和土壤 E_h 之间呈明显负相关性。但是当土壤中含硫量较高时，在还原条件下，可以生成稳定的难溶 As_2S_3。

砷是植物强烈吸收的元素。砷的植物积累系数（指植物灰分中As的平均含量与土壤中砷的平均含量的比值）为十分之几以上。土壤含砷量与作物含砷量的关系因作物种类不同而有很大差异。如英国学者弗来明曾做过调查，当土壤施用同样量的砷酸铅时，豆荚、扁豆、甜菜、甘蓝、黄瓜、茄子、西红柿、马铃薯等作物中的含砷量最小，莴苣、萝卜等作物中的含砷量最多，而洋葱等作物中含砷量介于中间。向土壤中施入砷的价态不同，作物吸收的砷量也不同。如日本学者天正等，分别向土壤中施入砷酸和亚砷酸进行栽培试验，结果是施入亚砷酸的土壤上作物吸收的砷量较施入砷酸的高。当加入量大于8mg/kg时，水稻生长开始受到抑制，加入量越大，抑制作用越明显。

污染物在生物体内的迁移转化

基础知识

一、生物污染

生物污染本身具有两种含义。其一是指对人和生物有害的微生物、寄生虫、病原体和变应原等污染水体、大气、土壤和食品，影响生物产量和质量，危害人类健康，这种污染称为生物污染。它是根据污染物的性质而进行分类的。其二是指大气、水环境以及土壤环境中各种各样的污染物质，包括施入土壤中的农药等，通过生物的表面附着、生物吸收以及表皮渗透等方式进入生物机体内，并通过食物链最终影响到人体健康。把污染环境的某些物质在生物体内积累至数量超过其正常含量，足以影响人体健康或动植物正常生长发育的现象称为生物污染。第二种含义则是根据被污染对象的类型来进行分类的。本章内容中所指生物污染均为后一种。对生物体来讲，有些物质是有害或有毒的，有些物质则是无害甚至是有益的，但是大多数物质在其被超常量摄入时对生物体都是有害的。

1. 植物受污染的主要途径

植物受污染物污染的主要途径有表面附着及植物吸收等。

（1）表面附着

表面附着是指污染物以物理方式黏附在植物表面的现象。例如，散逸到大气中的各种气态污染物、施用的农药、大气中的粉尘降落及含大气污染物的降水等，会有一部分黏附在植物的表面上，对植物造成污染和危害。表面附着量的大小与植物的表面积、表面形状、表面性质及污染物的性质、状态等有关。表面积大、表面粗糙、有绒毛的植物其附着量较大，黏度大、粉状污染物在植物上的附着量亦较大。

（2）植物吸收

植物对大气、水体和土壤中污染物的吸收可分为主动吸收和被动吸收两种方式。

① 主动吸收　即代谢吸收，是指植物细胞利用其特有的代谢作用所产生的能量而进行的吸收。细胞利用这种吸收能把浓度差逆向的外界物质引入细胞内。例如，植物叶面的气孔能不断地吸收空气中极微量的氟等，吸收的氟随蒸腾流转移到叶尖和叶缘，并在那里积累至一定浓度后造成植物组织的坏死。植物通过根系从土壤或水体中吸收营养物质和水分的同时亦吸收污染物，其吸收量的大小与污染物的性质及含量、土壤性质和植物品种等因素有关。例如，用含镉污水灌溉水稻，水稻将从根部吸收镉，并在水稻的各个部位积累，造成水稻的镉污染。主动吸收可使污染物在植物体内得到百倍、千倍甚至数万倍的浓缩。

② 被动吸收　即物理吸收，是指依靠外液与原生质的浓度差，通过溶质的扩散作用而实现吸收的过程，其吸收量的大小与污染物的性质及含量大小，以及植物与污染物接触时间的长短等因素有关。

总之，植物对污染物的吸收是一个复杂的综合过程。其根部对污染物的吸收主要受到土壤 pH 值、污染物浓度以及环境理化性质的影响，而暴露于空气中的植物的地上部分对污染物的摄取，主要取决于污染物的蒸气压。

2. 动物受污染的主要途径

环境中的污染物主要通过呼吸道、消化道和皮肤等途径进入动物体内，并通过食物链得到浓缩富集，最终进入人体。

（1）呼吸吸收过程

呼吸吸收主要是针对一些高等动物而言的，对于采用皮肤吸收的低等动物，并没有污染物皮肤吸收和呼吸吸收的差别。

呼吸道是动物吸收大气污染物的主要途径。动物在呼吸的同时将毫无选择地吸收来自大气中的气态污染物及悬浮颗粒物。气态和液态气溶胶污染物将以被动扩散和滤过的方式通过肺泡和毛细血管膜进入血液循环。固态气溶胶和粉尘污染物进入呼吸道后，可在气管、支气管及肺泡表面沉积。进入肺泡的固态颗粒物很小，粒径小于 5μm。其中易溶微粒通过肺泡上的毛细血管膜进入血液，难溶微粒被咽到消化道，再被吸收进入肌体。如图 5-1 所示。

（2）摄食吸收过程

摄食吸收是污染物进入动物体内的最主要途径，许多污染物随同消化作用被动物吸收。在构成高等动物消化道的不同器官中，口腔黏膜可以吸收部分污染物，但与胃、肠道相比，其吸收量极少。胃是许多污染物进入动物体内的场所，其吸收能力因污染物化学性质的不同而不同：有机酸多以分子形态存在，易于扩散和吸收；而有机碱则一般不易吸收。与动物吸收营养物质的情况类似，小肠是污染物进入动物体内的主要场所；在小肠中有机碱比有机酸更容易吸收，但由于小肠表面积巨大，它对于有机酸的吸收也相当可观；此外颗粒物质还能被包裹成一个泡囊被小肠上皮吸收进入细胞质。如图 5-2 所示。

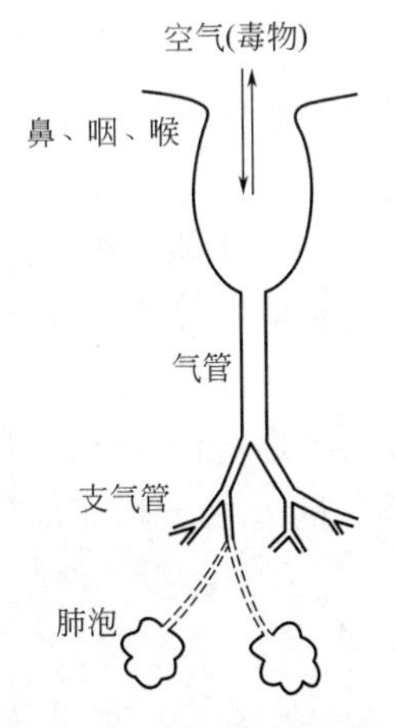

图 5-1　人体的呼吸道

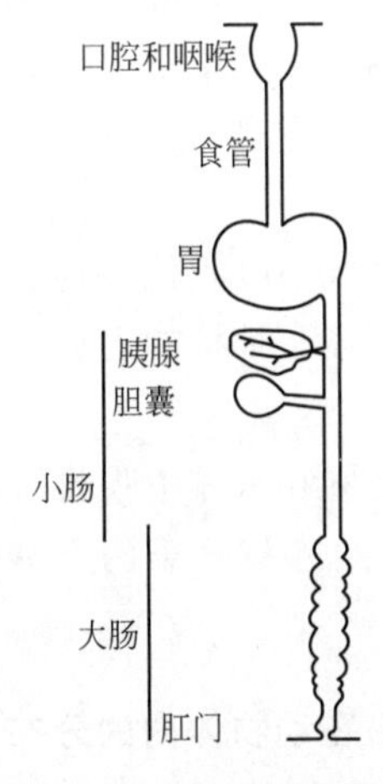

图 5-2　人体的消化道

动物体对污染物的排泄主要通过肾脏、消化道和呼吸道，也有少量随汗液、乳汁、唾液等分泌液排出，还有的在皮肤的新陈代谢过程中到达毛发而离开肌体。有毒物质在排泄过程中，可在排出器官处造成继发性损害，成为中毒表现的一部分。另外，当有毒物质在体内某器官处的蓄积超过某一限度时，则会给该器官造成损害，出现中毒现象。

（3）皮肤吸收过程

由于污染物在大气、水、土壤中的广泛存在，皮肤经常与许多外来污染物接触。作为机体防止外来侵袭的第一道屏障，动物皮肤通常对污染物的通透性较差，可以在一定程度上防止污染物的吸收。但是不同动物皮肤的屏障差异较大，腔肠动物、节肢动物、两栖动物等低等种类的表皮细胞防止外源污染物侵袭能力较低，污染物渗透体表后可以直接进入体液或组织细胞。对高等动物来说，污染物进入体内必须首先通过角质层，其主要机理是简单扩散。扩散速率取决于角质层厚度、外源物质化学性质与浓度等因素。对于非极性污染物，脂溶性越高、分子量越小，越有利于污染物通过脂质双分子层；而极性物质一般通过角蛋白纤维渗透。但有的污染物具有破坏皮肤屏障作用的能力，使皮肤通透性增加，如酸、碱、二甲基亚砜等。

透过角质层后，污染物面临的第二道屏障是真皮。真皮结构较为疏松，其防御能力远低于表皮，但是由于血浆水是水溶性液体，因此脂溶性大、容易透过表皮的物质却不容易透过真皮而被阻隔于皮肤之外。通常认为脂-水分配系数为 1 左右的污染物最容易通过体表吸收而进入血液。

二、污染物在生物体内的分布

1. 污染物在植物体内的分布

许多污染物质都是通过土壤-植物系统进入生态系统的。由于污染物质在生物链中的累积直接或间接地对陆生生物造成影响，因而植物对污染物质的吸收被认为是污染物在食物链中累积并危害陆生动物的第一步。

污染物质可通过植物根系、叶片和表皮等部位进入植物体内。通过植物根系吸收，并通过蒸腾作用将污染物输送到植物体的各部分；或通过植物叶片的气孔从周围空气中吸收蒸气态的污染物质，并输送到植物体的各个部分；当植物表皮直接接触污染物质时，可通过渗透作用吸收有机污染物的蒸气。通过各种途径吸收的污染物质总和减去植物代谢过程中消耗或损失的污染物质即在植物体内积累下来的。

植物吸收污染物后，其污染物在植物体内的分布与植物种类、吸收污染物的途径等因素有关。

植物从大气中吸收污染物后，污染物在植物体内的残留量常以叶部分布最多。例如，在含氟的大气环境中种植的番茄、茄子、黄瓜、菠菜、青萝卜、胡萝卜等蔬菜体内氟含量分布符合此规律。

植物从土壤和水体中吸收污染物，其残留量的一般分布规律是：根＞茎＞叶＞穗＞壳＞种子。例如，在被镉污染的土壤中种植的水稻，其根部的镉含量远大于其他部位，如表 5-1 所示。

2. 污染物在动物体内的分布

污染物质在动物体内的分布过程主要包括吸收、排泄和分布。下面以人为例介绍污染物质在动物体内的分布过程。这些基本原理适用于哺乳动物以及其他一些动物。

表 5-1 成熟期水稻各部位中的含镉量

植株部位		放射性计数/[脉冲/(min·g 干样)]	含镉量/(μg/g 干样)	/%	Σ/%
地上部分	叶、叶鞘	148	0.67	3.5	15.2
	茎秆	375	1.70	9.0	
	穗轴	44	0.20	1.1	
	穗壳	37	0.16	0.8	
	糙米	35	0.15	0.8	
根系部分		3540	16.12	84.8	84.8

（1）吸收

污染物质进入人体被吸收后，一般通过血液循环输送到全身。血液循环把污染物质输送到各个器官，如肝脏、肾等，对这些器官产生毒害作用；有些毒害作用，如砷化氢气体引起的溶血作用，在血液中就可以发生。污染物质的分布情况取决于污染物与机体不同的部位的亲和性，以及取决于污染物质通过细胞膜的能力。脂溶性强的物质易于通过细胞膜，此时，经膜通透性对其分布影响不大，组织血液的流动速度是分布的限制因素，血流速度越大，则膜两侧污染物质的浓度梯度越大，机体对污染物质的吸收速率也越大。极性污染物质，因其脂溶性小，在被小肠吸收时经膜扩散成了限速因素，而对血流影响不敏感。污染物质常与血液中的血浆蛋白结合，这种结合呈现可逆性，结合与离解处于动态平衡。由于亲和力不同，污染物质与血浆蛋白的结合受到其他污染物质及机体内源性代谢物质置换竞争的影响，该影响显著时，会使污染物质在机体内的分布有较大的改变。

血-脑屏障特别值得一提，因为它是阻止已进入人体的有毒污染物质深入中枢神经系统的屏障。与一般的器官组织不同，中枢神经系统的毛细血管管壁内皮细胞互相紧密相连，几乎没有空隙。当污染物质由血液进入脑部时，必须穿过这一血-脑屏障。此时污染物质的经膜通透性成为其转运的限速因素。高脂溶性、低解离度的污染物质经膜通透性好，容易通过血-脑屏障，由血液进入脑部，如甲基汞化合物。而非脂溶性污染物质很难入脑。因此，对于一些损害人体其他部位的有毒害物质，中枢神经系统能够局部得到特殊的保护。

（2）排泄

排泄的器官有肾、肝胆、肠、肺、外分泌腺等。对有毒污染物质的排泄主要的途径是肾脏泌尿系统和肝胆系统。肺系统也能排泄气态和挥发性有毒害的污染物质。

肾排泄是使污染物质通过肾随尿排出的过程。肾小球毛细血管壁有许多较大的膜孔，大部分污染物质都能从肾小球滤过；但是分子量过大的或与血浆蛋白结合的污染物质不能滤过，会留在血液中。一般来说，肾排泄是污染物质的一个主要排泄途径。

污染物质的另一个重要排泄途径，是肝胆系统的胆汁排泄。胆汁排泄是指主要由消化道及其他途径吸收的污染物质，经血液到达肝脏后，以原物或其代谢产物与胆汁一起分泌到十二指肠，经小肠至大肠内，再排出体外的过程。一般分子量在 300 以上、分子中具有强极性基团的化合物，即水溶性好、脂溶性小的化合物，胆汁排泄良好。

有些高脂溶性污染物在通过胆汁排泄后在肠道运行中又被重新吸收，这种现象称为肠肝循环。进行肠肝循环的污染物，通常在体内停留时间较长。如高脂溶性甲基汞化合物主要通过胆汁从肠道排出，由于肠肝循环，其生物半衰期平均可达 70 天，排除甚慢。

（3）分布

污染物质在动物体内的分布与污染物的性质及进入动物组织的类型有关，其大体有以下五种分布规律。

① 能溶解于体液的物质，如钠、钾、锂、氟、氯、溴等离子，在体内分布比较均匀。

② 镧、锑、钍等的三价和四价阳离子，水解后生成胶体，主要蓄积于肝和其他网状内皮系统。

③ 与骨骼亲和性较强的物质，如铅、钙、钡、锶、镭、铍等的二价阳离子在骨骼中含量极高。

④ 对某种器官具有特殊亲和性的物质，则在该种器官中积累较多。如碘对甲状腺、汞对肾脏有特殊亲和性，故碘在甲状腺中积贮较多，汞在肾脏中积贮较多。

⑤ 脂溶性物质，如有机氯化合物（DDT、六六六等），主要积累于动物体内的脂肪中。

以上五种分布类型之间又彼此交叉，比较复杂。往往一种污染物对某一种器官有特殊亲和作用，但同时也分布于其他器官。另外，同一种元素可能因其价态或存在形态不同而在体内蓄积的部位也有所不同。例如，水溶性汞离子很少进入脑组织，但烷基汞呈脂溶性，能通过脑屏障进入脑组织。再如进入体内的四乙基铅，最初在脑、肝中分布较多，但经分解转变成为无机铅后，则主要分布在骨骼、肝、肾中。如表 5-2 所示。

表 5-2 一些金属、类金属在动物及人体内的主要分布部位

元素	主要分布部位	元素	主要分布部位
镉	肾、肝、主动脉	铬	肝、肺、皮肤
铅	骨、主动脉、肝、肾、头发	钴	肝、肾
汞	肾、脂肪、毛发	锌	肌肉、肝、肾
铍、钡	骨、肺	锡	心、肠、肺
锑	骨、肝、毛发	铝、钛	肺
砷	肝、脾、肾、头发	钒	体脂
铜	肝、骨、肌肉	铯	随钾分布
钼	肝	铷	肌肉、肝

总之，污染物质在动物体内的分布是一个复杂的过程，具体的污染物质进入体内的途径以及在体内的分布、代谢、储存和排泄过程见图 5-3。污染物质在动物体内的分布直接影响

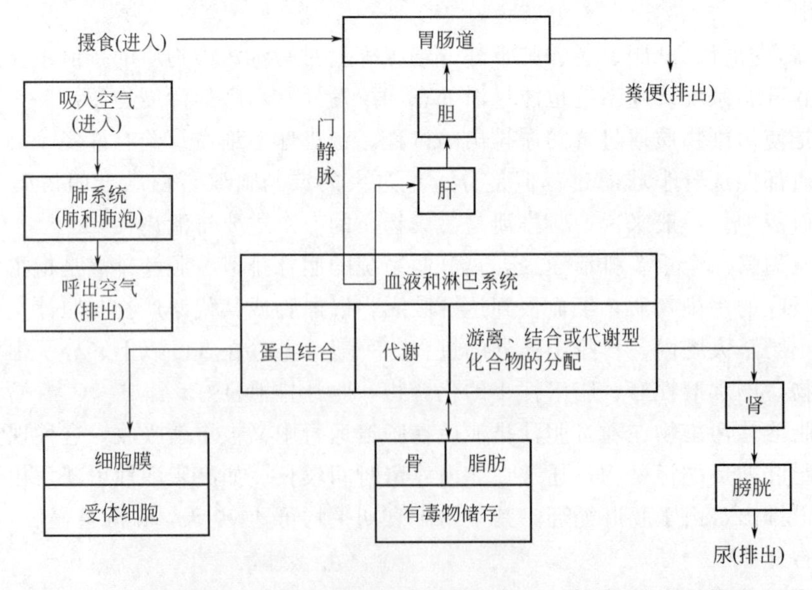

图 5-3 污染物质进入人体的途径以及在体内的分布、代谢、储存和排泄过程

着污染物质对动物的毒害作用。

三、污染物的生物富集、放大和积累

各种物质进入生物体内，即参加生物的代谢过程，其中生命必需的物质，部分参与了生物体的构成，多余的必需物质和非生命所需的物质中，易分解的经代谢作用很快排出体外，不易分解、脂溶性高、与蛋白质或酶有较高亲和力的，就会长期残留在生物体内。随着摄入量的增大，它在生物体内的浓度也会逐渐增大。污染物质被生物体吸收后，它在生物体内的浓度超过环境中该物质的浓度时，就会发生生物富集、生物放大和生物积累现象，这三个概念既有联系又有区别。

1. 生物富集

生物个体或处于同一营养级的生物种群，通过非吞食方式从周围环境中吸收并积累某种元素或难分解的化合物，导致生物体内该物质的平衡浓度超过环境中浓度的现象，叫生物富集，又叫生物浓缩。

生物富集用生物浓缩系数表示，即生物机体内某种物质的浓度和环境中该物质浓度的比值。

$$BCF = c_b / c_e$$

式中　BCF——生物浓缩系数；

c_b——某种元素或难降解物质在机体中的浓度；

c_e——某种元素或难降解物质在环境中的浓度。

生物浓缩系数可以是个位到万位级，甚至更高。影响生物浓缩系数的主要因素是物质本身的性质以及生物和环境等因素。物质性质方面的主要影响因素是降解性、脂溶性和水溶性。一般降解性小、脂溶性高、水溶性低的物质，生物浓缩系数高；反之，则低。如虹鳟对2,2′,4,4′-四氯联苯的浓缩系数为12400，而对四氯化碳的浓缩系数是17.7。在生物特征方面的影响因素有生物种类、大小、性别、器官、发育阶段等。如金枪鱼和海绵对铜的浓缩系数，分别是100和1400。在环境条件方面的影响因素包括温度、盐度、水硬度、pH值、含氧量和光照状况等。如翻车鱼对多氯联苯的浓缩系数在水温5℃时为6.0×10^3，而在水温15℃时为5.0×10^4，水温升高，相差显著。一般重金属元素和许多氯化烃、稠环、杂环等有机化合物具有很高的生物浓缩系数。

生物富集作用的研究，在阐明物质在生态系统内的迁移和转化规律、评价和预测污染物进入生物体后可能造成的危害，以及利用生物体对环境进行监测和净化等方面，具有重要的意义。

2. 生物放大

生物放大是指在同一食物链上的高营养级生物，通过吞食低营养级生物蓄积某种元素或难降解物质，使其在机体内的浓度随营养级数提高而增大的现象。生物放大的程度也用生物浓缩系数表示。在生态环境中，由于食物链的关系，一些物质如金属元素或有机物质，可以在不同的生物体内经吸收后逐级传递，不断积聚浓缩；或者某些物质在环境中的起始浓度不是很高，通过食物链的逐级传递，使浓度逐步提高，最后形成了生物富集或生物放大作用。例如，海水中汞的浓度为0.0001mg/L时，浮游生物体内含汞量可达0.001～0.002mg/L，小鱼体内可达 0.2～0.5mg/L，而大鱼体内可达 1～5mg/L，大鱼体内汞比海水含汞量高 1 万～6 万倍。生物放大作用可使环境中低浓度的物质，在最后一级生物体内的含量提高几十倍甚至成千上万倍，因而可能对人和环境造成较大的危害。

污染物是否沿着食物链积累，取决于以下三个条件，即污染物在环境中必须是比较稳定的、污染物必须是生物能够吸收的、污染物是不易被生物代谢过程中所分解的。目前最典型的还是 DDT 在生态系统中的转移和积累。DDT 等杀虫剂通过食物链的逐步浓缩，能充分说明它们对人类健康的危害。DDT 从初始浓度到食物链最后一级的浓度扩大了百万倍，这就是典型的生物放大作用。如图 5-4 所示。

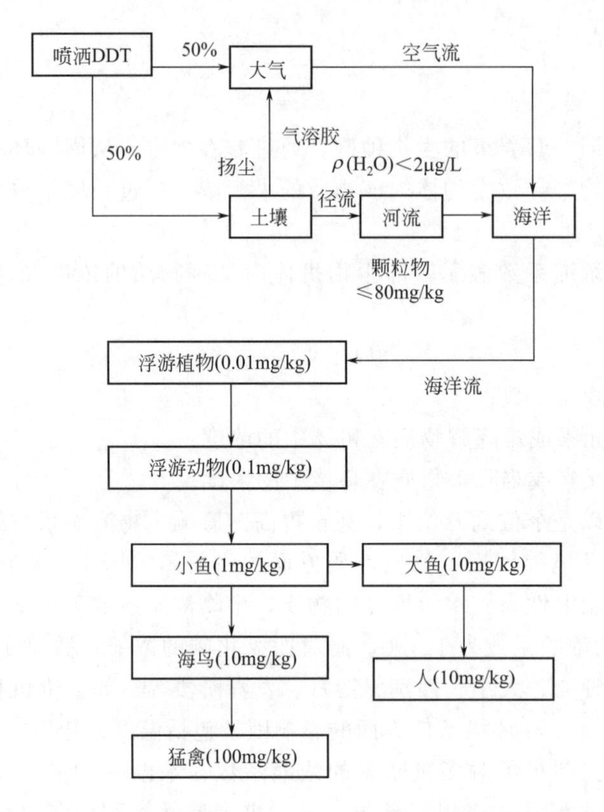

图 5-4 DDT 农药在环境中的迁移和生物放大作用

由于生物放大作用，杀虫剂及其他有害物质对人和生物的危害就变得十分惊人。一些毒素在身体组织中累积，不能变性或不能代谢，这就导致杀虫剂在食物链中每向上传递一级，浓度就会增加，而顶级取食者会遭受最高剂量的危害。

生物放大并不是在所有条件下都能发生。有些物质只能沿着生物链传递，不能沿食物链放大；有些既不能沿食物链传递，也不能沿食物链放大。影响生物放大的因素很多，如食物链往往都十分复杂，相互交织成网状，同一种生物在发育的不同阶段或相同阶段，有可能隶属于不同的营养级而具有多种食物来源，这就扰乱了生物放大。不同生物或同一生物在不同的条件下，对物质的吸收、消除等均有可能不同，也会影响生物放大状况。

3. 生物积累

生物积累是指生物从周围环境（水、土壤、大气）中和食物链中蓄积某些元素或难分解的化合物，使其在机体中的浓度超过周围环境中浓度的现象。生物放大和生物富集都是生物积累的一种方式。生物积累的程度也可用浓缩系数表示。浓缩系数与生物体特性、营养等级、食物类型、发育阶段、接触时间、化合物的性质及浓度有关。通常，化学性质稳定的脂溶性有机污染物如DDT、PCBs等很容易在生物体内积累。有人研究牡蛎在50μg/L的氯化汞溶液中对汞的积累，观察到第7天，牡蛎（按鲜重每千克计）体内汞的含量达25mg，浓缩系数为500；第14天达35mg，浓缩系数为700；第19天达40mg，浓缩系数为800；到第42天增加到60mg，浓缩系数增为1200。此例说明，在代谢活跃期内的生物积累过程中，浓缩系数是不断增加的。鱼体中农药残毒的积累同鱼的年龄和脂肪含量有关，农药的残留量随着鱼体的长大而增加。在许多情况下，生物个体的大小同积累量的关系，比该生物所处的营养等级的高低，更为重要。

生物机体对化学性质稳定的物质的积累性可作为环境监测的一种指标，用以评价污染物对环境的影响，研究污染物在环境中的迁移转化规律。对某种特定元素来说，某些生物种类比同一环境中的其他种类有更强的积累能力，常被称为“积累者生物”。例如，褐藻能大量积累锶，地衣能积累铅，水生的蓼属植物能积累DDT。这些生物可以作为指示生物，甚至可以作为重金属污染的生物学处理手段。因此，对生物积累的研究，具有重要的理论和实践意义。

理论提升

一、微生物在污染物降解中的作用

微生物可以催化氧化或降解有机污染物或转化重金属元素的存在形态，这是环境中有机污染物转化的重要过程，同时微生物在重金属的迁移转化过程中也有很重要的作用。微生物是生物催化剂，能使许多化学反应过程在环境中发生，同时生物有机体的降解又为其他生物生长提供必要的营养，以补偿和维持生物活性的营养库。

1. 微生物的种类

环境中的微生物可以分为三类：细菌、真菌和藻类。

① 细菌是生物的主要类群之一，属于细菌域。细菌是所有生物中数量最多的一类，个体非常小，目前已知最小的细菌只有0.2μm长，因此大多只能在显微镜下看到它们。细菌一般是单细胞，细胞结构简单，缺乏细胞核、细胞骨架以及膜状胞器，细菌具有许多不同的代谢方式。一些细菌只需要二氧化碳作为它们的碳源，被称作自养生物。那些通过光合作用从光中获取能量的，称为光合自养生物。那些依靠氧化化合物获取能量的，称为化能自养生物。另外一些细菌依靠有机物形式的碳作为碳源，称为异养生物。

② 真菌是类似于植物但缺乏叶绿素的非光合生物，通常是丝状结构，像细菌一样都是分解者，就是一些分解死亡生物的有机物的生物。真菌对环境最终的作用是分解植物的纤维素。

③ 藻类植物是植物界中没有真正根、茎、叶分化的低等植物，其营养方式是多种多样的，例如，有些低等的单细胞藻类，在一定的条件下能进行有机光能营养、无机化能营养或

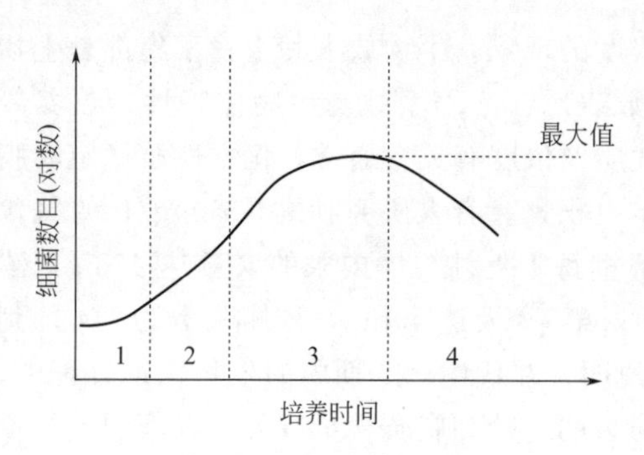

图 5-5 细菌的生长曲线
1—停滞期；2—对数增长期；
3—静止期；4—内源呼吸期

有机化能营养。但对绝大多数的藻类来说，它和高等植物一样，都能在光照条件下，利用二氧化碳和水合成有机物质，以进行无机光能营养。

2. 微生物的生长规律

微生物的生长规律可以用生长曲线表现出来。细菌的繁殖一般以裂殖法进行。在增殖培养中，细菌和单细胞藻类个体数的多少是时间的函数。图 5-5 给出了细菌的生长曲线。它反映了细菌在一个新的环境中生长繁殖直至衰老死亡的过程。

根据微生物的生长速率常数，即每小时的分裂次数（R）的不同，一般可把典型生长曲线粗分为停滞期、对数增长期、静止期和内源呼吸期 4 个时期。

（1）停滞期

停滞期几乎没有微生物的繁殖，这是因为微生物接种到一个新的环境，暂时缺乏分解和催化有关底物的酶，或是缺乏充足的中间代谢产物等。为产生诱导酶或合成中间代谢产物，就需要一段适应期。在此期间，菌体逐渐增大，不分裂或很少分裂，也有的不适应新的环境而死亡，故微生物的增长速率较慢。在此阶段后期，少数细胞开始分裂，曲线略有上升。

（2）对数增长期

随着微生物对新的环境的适应，且所需营养非常丰富，微生物的活力很强，新陈代谢十分旺盛，分裂繁殖速率很快，生长速率常数最大，总菌数以几何级数增加。

（3）静止期

当微生物的生长遇到限值因素时，对数期终止，静止期开始。在静止期中，微生物的总数达到最大值，生长速率常数 R 等于 0，即处于新繁殖的细胞数与衰亡的细胞数相等，或正生长与负生长相等的动态平衡之中。静止期可以持续很长时间，也可以时间很短。

（4）内源呼吸期

这个时期，环境中的食物已经耗尽，代谢产物大量积累，对微生物生长的毒害作用也越来越强，使得微生物的死亡率逐渐大于繁殖率，整个群体呈现负生长状态，生长速率常数为负值。同时微生物只能依靠菌体内原生质的氧化，来获得生命活动所需的能量，最终导致环境中的微生物总量逐渐减少。

根据微生物的生长繁殖规律可以通过不断补充营养物质，并取走代谢产物，控制 pH 值和温度等因素，为微生物提供良好的生长环境，人为地控制微生物的生长周期。例如，控制微生物在对数增长期，微生物对环境中的污染物降解速率快，降解能力强。若控制在静止期，则微生物的生长繁殖对营养及氧的需求量低，微生物对环境中污染物降解彻底，去除率高。

二、生物转化中的酶

酶是一类由细胞制造和分泌的、以蛋白质为主要成分的、具有催化活性的生物催化剂。其中，在酶催化下发生转化的物质称为底物或基质，酶与底物结合，形成酶-底物的复合物，复合物能分解生成一个或多个与起始底物不同的产物，而酶不变地被再生出来，继续参加催化反应。酶催化反应的基本过程如下，此反应过程是可逆的。

$$酶+底物 \rightleftharpoons 酶\text{-}底物复合物 \rightleftharpoons 酶+产物$$

酶催化作用的特点在于：第一，催化专一性高。一种酶只能对一种底物或一类底物起催化作用，从而促进一定的反应，生成一定的代谢产物。如脲酶仅能催化尿素水解，但对包括结构与尿素非常相似的甲基尿素（$CH_3NHCONH_2$）在内的其他底物均无催化作用；蛋白酶只能催化蛋白质水解，而不能催化淀粉水解。第二，酶具有多样性。酶的多样性是由酶的专一性决定的，因为在生物体内存在各种各样的化学反应，而每一种酶只能催化一种或一类化学反应。第三，酶催化效率高。在相同条件下，酶的存在可以使一个反应的速率大大加快。例如，蔗糖酶催化蔗糖水解的速率比强酸催化速率高 2×10^{12} 倍，0℃时过氧化氢酶催化过氧化氢的速率高于铁离子催化速率 1×10^{10} 倍。一般，酶催化反应的速率比化学催化剂高 $10^7\sim10^{13}$ 倍。第四，酶催化需要温和的外界条件。化学催化剂在一定条件下会因中毒而失去催化能力。酶的本质为蛋白质，比化学催化剂更容易受到外界条件的影响，而变质失去催化能力。诸如强酸、强碱、高温等激烈的条件都能使酶丧失催化效能。酶催化作用一般要求温和的外界条件，如常温、常压、接近中性的酸碱度等。

酶的种类很多，已知的酶有 2×10^3 多种。根据起催化作用的场所，酶分为胞外酶和包内酶；根据催化反应类型，分为氧化还原酶、转移酶、水解酶、裂解酶、异构酶、合成酶六类；根据酶的成分，分为单成分酶和双成分酶两大类。单成分酶只含蛋白质，如脲酶、蛋白酶。双成分酶除含蛋白质外，还含有非蛋白质部分，前者称酶蛋白，后者称辅基或辅酶。辅酶的成分是金属离子、含金属的有机化合物或小分子的复杂有机化合物。双成分酶催化反应时，辅酶起着传递电子、原子或某些化学基团的功能，酶蛋白起着决定催化专一性和催化高效率的功能。因此，只有双成分酶的整体才具有酶的催化活性，而当酶蛋白与辅酶经分离后各自单独存在时则均失去相应作用。

1. 耗氧有机污染物质的微生物降解

耗氧有机污染物质是生物残体、排放废水和废弃物中的糖类、脂肪和蛋白质等较易生物降解的有机物质。有机物质通过生物氧化以及其他的生物转化，可以变成更小更简单的分子，这一过程称为有机物质的生物降解。如果有机物质降解成为二氧化碳、水等简单无机化合物，则为彻底降解；否则为不彻底降解。耗氧有机污染物质的微生物降解，广泛地发生于土壤和水体之中。

（1）糖类的微生物降解

糖类是生物活动的能量供应物质，细菌可以利用它作为能量的来源。糖类通式为 $C_x(H_2O)_y$，分成单糖、二糖和多糖三类。单糖是最简单的糖类化合物，根据羰基在分子中的位置，分为醛糖和酮糖，其中葡萄糖是细胞活动过程涉及的最普遍的单糖。单糖在被细胞利用之前需要转化成葡萄糖。二糖是由两个单糖缩合而成，通式 $C_{12}H_{22}O_{11}$，主要有蔗糖、乳糖和麦芽糖。多糖是单糖自身或其与另一单糖的高度缩合产物，葡萄糖和木糖是最常见的缩合单体。多糖包括植物产生的淀粉、纤维素、半纤维素和动物产生的肝糖等。糖类降解的过程如下：

① 多糖水解成单糖：多糖在胞外水解酶的催化下，水解成二糖或单糖，而后才能被微生物摄取进入细胞内。其中的二糖在细胞内经胞内水解酶的作用继续水解成单糖。水解产物以葡萄糖为主。

$$(C_6H_{10}O_5)_n+\frac{n}{2}H_2O \longrightarrow \frac{n}{2}C_{12}H_{22}O_{11}$$

$$淀粉 \xrightarrow[水解]{淀粉糖化酶} 乳糖$$

$$纤维素 \xrightarrow[水解]{纤维素水解酶} 纤维二糖$$

② 单糖酵解成丙酮酸：细胞内的单糖不论在有氧氧化或在无氧氧化条件下，都可经过相应的一系列酶促反应形成丙酮酸。这一过程称为单糖酵解。葡萄糖酵解的总反应式为：

$$C_6H_{12}O_6 \xrightarrow{乳酸菌} 2H_3C—CHOH—COOH$$

$$H_3C—CHOH—COOH \xrightarrow{酶和辅酶} CH_3COCOOH+H_2O$$

③ 丙酮酸的转化：在有氧氧化条件下，丙酮酸通过酶促反应转化成乳酸和乙酸等，最终氧化成为二氧化碳和水。

$$CH_3COCOOH+\frac{5}{2}O_2 \xrightarrow[[O]]{乙酰辅酶A} 3CO_2+2H_2O$$

在无氧氧化条件下丙酮酸往往不能氧化到底，只能氧化成各种酸、醇、酮等。这一过程称为发酵。糖类发酵生成大量有机酸，使 pH 值下降，从而抑制细菌的生命活动，属于酸性发酵，发酵具体产物取决于产酸种类和外界条件。

在无氧氧化条件下，丙酮酸通过酶促反应往往以其本身作受氢体而被还原成为乳酸，见下式。

$$CH_3COCOOH+2[H] \xrightarrow[乳酸菌]{厌氧} CH_3CH(OH)COOH$$

或以其转化的中间产物作受氢体，发生不完全氧化生成低级的有机酸、醇及二氧化碳等，见下式。

$$CH_3COCOOH \longrightarrow CO_2+CH_3CHO$$

$$CH_3CHO+2[H] \longrightarrow CH_3CH_2OH$$

总反应 $$CH_3COCOOH+2[H] \xrightarrow[酵母菌]{兼性厌氧} CO_2+CH_3CH_2OH$$

从能量角度来看，糖在有氧条件下分解所释放的能量大大超过在无氧条件下发酵分解所产生的能量，由此可见，氧对生物体有效地利用能源是十分重要的。

(2) 脂肪的微生物降解

脂肪由脂肪酸和甘油合成。常温下呈固态的是脂，多来自动物；而呈液态的是油，多来自植物。微生物降解脂肪的基本途径如下：

① 脂肪水解成脂肪酸和甘油。脂肪在胞外水解酶催化下水解为脂肪酸和甘油。生成的脂肪酸链长大多为 12～20 个碳原子，另外还有含双键的不饱和酸。脂肪酸和甘油能被微生物摄入细胞内继续转化。

$$\begin{array}{l} CH_2OOCR \\ | \\ CHOOCR' \\ | \\ CH_2OOCR'' \end{array} + 3H_2O \longrightarrow \begin{array}{l} CH_2OH \\ | \\ CHOH \\ | \\ CH_2OH \end{array} + \begin{array}{l} RCOOH \\ | \\ R'COOH \\ | \\ R''COOH \end{array}$$

② 甘油的转化。甘油在有氧或无氧氧化条件下，均能被相应的一系列酶促反应转变成丙酮酸。丙酮酸的进一步转化在前面已经叙及，简言之，就是在有氧氧化条件下是变成二氧化碳和水，而在无氧氧化条件下通常是转变为简单有机酸、醇和二氧化碳等。

$$\begin{array}{l} CH_2OH \\ | \\ CHOH \longrightarrow CH_3COCOOH+4[H] \\ | \\ CH_2OH \end{array}$$

③ 脂肪酸的转化。有氧氧化条件下，饱和脂肪酸通常经过酶促β-氧化途径，变成脂酰辅酶A和乙酰辅酶A。乙酰辅酶A进入三羧酸循环，乙酰基转化为二氧化碳和水，并将辅酶A复原。而脂酰辅酶A又经β-氧化途径进行转化，脂肪水解成的含双键不饱和脂肪酸，也经过类似的氧化途径，最终产物与饱和脂肪酸相同。在无氧的条件下，脂肪酸通过酶促反应，其中间产物不被完全氧化，形成低级的有机酸、醇和二氧化碳。

$$CH_3(CH_2)_{16}COOH+26O_2 \longrightarrow 18CO_2+18H_2O$$

(3) 蛋白质的微生物降解

蛋白质的主要组成元素为碳、氢、氧和氮，有些还含硫、磷等元素。蛋白质是一类由α-氨基酸通过肽键联结成的大分子化合物。在蛋白质中有20多种α-氨基酸。一个氨基酸的羧基与另一个氨基酸的氨基脱水形成酰胺键（—CO—NH—C—）就是肽键。通过肽键由两个、三个或三个以上的氨基酸结合，以此成为二肽、三肽和多肽。多肽分子中氨基酸首尾相互衔接，形成的大分子长链称为肽链。多肽与蛋白质的主要区别，不在于分子量的多少，而是多肽中的肽链没有一定的空间结构，蛋白质分子的长链却卷曲折叠成各种不同的形态，呈现各种特有的空间结构。

2. 有毒有机污染物质的微生物降解

进入生物机体的有毒有机污染物质，一般在细胞或体液内进行酶促转化生成代谢物。生物转化的结果，一方面往往使有机毒物的水溶性和极性增加易于排出体外；另一方面也会改变有机毒物的毒性，多数是毒性减小，少数毒性反而增加。有机毒物的生物转化途径复杂多样，但其反应类型主要是氧化、还原、水解和结合四种。通过前三种反应将活泼的极性基团引入亲脂的有机毒物分子中，使之不仅具有比原毒物更高的水溶性和极性，而且还能与机体内某些内源性物质进行结合反应，形成水溶性更高的结合物而容易排出体外。因此，把氧化反应、还原反应和水解反应称为有机毒物生物转化的第一阶段反应，而将第一阶段反应的产物或具有适宜功能基团的原毒物所进行的结合反应称为第二阶段反应。

3. 微生物对重金属元素的转化作用

环境中金属离子长期存在的结果，使自然界形成了一些特殊的微生物，它们对有毒金属离子具有抗性，可以使金属元素发生转化。汞、铅、锡、硒、砷等金属或类金属离子都能够在微生物作用下发生转化。下面以汞为例说明微生物对重金属的转化作用。

汞在环境中的存在形态有金属汞、无机汞和有机汞化合物三种，各形态的汞一般都具有毒性，但毒性大小不同，其毒性大小可以按无机汞、金属汞和有机汞的顺序递增。烷基汞是已知的毒性最大的汞类化合物，其中甲基汞的毒性最大。甲基汞脂溶性大，化学性质稳定，容易被生物吸收，难以代谢消除，能在食物链中逐渐传递放大，最后由鱼类等进入人体。汞的微生物转化主要方式是生物甲基化和还原作用。

(1) 汞的甲基化

甲基钴氨素（CH_3CoB_{12}）是金属甲基化过程中甲基基团的重要生物来源。当含汞废水排入水体后，无机汞被颗粒物吸附沉入水底，通过微生物体内的甲基钴氨酸转移酶进行汞的甲基化转变。只要有甲基钴氨素存在，在微生物的作用下，甲基钴氨素中的甲基就能以 CH_3^- 的形式与 Hg^{2+} 作用生成甲基汞，反应式为：

$$CH_3COB_{12}\ (\text{甲基钴氨素}) \begin{cases} \nearrow CH_3^- + Hg^{2+} \longrightarrow CH_3Hg^+ \ (\text{一甲基汞}) \\ \searrow 2CH_3^- + Hg^{2+} \longrightarrow CH_3HgCH_3 \ (\text{二甲基汞}) \end{cases}$$

汞的甲基化既可在厌氧条件下发生，也可在好氧条件下发生。在厌氧条件下，汞主要转化为二甲基汞。二甲基汞难溶于水，易挥发，易散逸到大气中，但二甲基汞容易被光解为甲烷、乙烷和汞，故大气中二甲基汞存在量很少。在好氧条件下，汞主要转化为一甲基汞，在pH值为4～5的弱酸性水中，二甲基汞也可以转化为一甲基汞。一甲基汞为水溶性物质，易被生物吸收而进入食物链。

淡水底泥中厌氧转化有两种可能的反应式：

$$Hg^{2+} + R—CH_3 \longrightarrow CH_3—Hg^+ \xrightarrow{R—CH_3} CH_3—Hg—CH_3$$

$$Hg^{2+} + R—CH_3 \longrightarrow (CH_3)_2—Hg \xrightarrow{H^+} CH_3—Hg^+$$

（2）还原作用

在水体的底质中还可能存在一类抗汞微生物，能使甲基汞或无机汞变成金属汞。这是微生物以还原作用转化汞的途径，如：

$$CH_3HgCl + 2H \longrightarrow Hg + CH_4 + HCl$$

$$(CH_3)_2Hg + 2H \longrightarrow Hg + 2CH_4$$

$$HgCl_2 + 2H \longrightarrow Hg + 2HCl$$

汞的还原作用反应方向恰好与汞的生物甲基化方向相反，故又称为生物去甲基化，常见的抗汞微生物是假单胞菌属。

三、污染物质的毒性

大多数环境污染物质都是毒物。毒物是进入生物机体后能使体液和组织发生生物化学的变化，干扰或破坏机体的正常生理功能，并引起暂时性或持久性的病理损害，甚至危及生命的物质。这一定义受到多种因素的限制，如进入机体的物质数量、生物种类、生物暴露于毒物的方式等。限制因素的改变，有可能使毒物成为非毒物，反之亦然。所以毒物与非毒物之间并不存在绝对的界限。例如，钙是人及生物所必需的一种营养元素，但是它在人体血清中的最适营养浓度范围为90～95mg/L。如果高于这一范围，便会引起生理病理的反应，当血清中钙浓度高于105mg/L时发生钙过多症，主要症状是肾功能失常；而若低于这一范围，又将发生钙缺乏症，引起肌肉的痉挛、局部麻痹等。其他为人体及生物所必需的营养元素也有这种相似情形，只不过各具有最适的营养浓度范围。

毒物的种类按作用于机体的主要部位，可分为作用于神经系统、造血系统、心血管系统、呼吸系统、肝、肾、眼、皮肤的毒物等。根据作用性质，毒物可分为刺激性毒物、腐蚀性毒物、窒息性毒物、致突变毒物、致癌毒物、致畸毒物、致敏毒物等。

1. 毒物的毒性

毒物被吸收到生物体内后，随血液循环分布到全身。当在作用点达到一定浓度时，就可发生中毒。毒物通过生物体内生化过程的作用，转化形成毒性代谢产物经肾、呼吸道及消化道途径排出体外。当毒物进入体内的总量超过转化和排出总量时，体内的毒物就会逐渐增加，这种现象称为毒物的蓄积。毒物在体内的蓄积是发生慢性中毒的根源。

不同毒物或同一毒物在不同条件下的毒性，常有显著的差异。影响毒物毒性的因素很多，而且很复杂。概括来说，有毒物的化学结构及理化性质（如毒物的分子立体构型、分子大小、官能团、溶解度、电离度、脂溶性等）、毒物所处的机体因素（如机体的组成、性质等）、机体暴露于毒物的状况（如毒物剂量、浓度，机体暴露的持续时间、频率、总时间，机体暴露的部位及途径等）、生物因素（如生物种属差异、年龄、体重、性别、遗传及免疫情况、营养及健康状况等）、生物所处的环境（如温度、湿度、气压、季节及昼夜节律的变化、光照、噪声等）。其中，关键因素是毒物的剂量（浓度）。这是因为毒物毒性在很大程度上取决于毒物进入机体的数量，而后者又与毒物剂量（浓度）紧密相关。

剂量通常指一种生物体单位体重暴露的毒物的量。效应是暴露某种有毒物对有机体的反应。毒物对生物的毒性效应差异很大，这些差异包括能观察到的毒性发作的最低水平，有机体对毒物小增量的敏感度，毒物对大多数生物体发生最终效应（特别是死亡）的水平等。生物体内的一些重要物质，如营养性的矿物质，过高或过低都可能有害。以上提到的因素可以用剂量-效应关系来描述，为了定义剂量-效应关系，需要指定特别的效应，如生物体的死亡，还要指定效应被观察的条件，如承受剂量的时间长度。剂量-效应关系与生物种类和应变能力、组织类型以及细胞群类等有关。图 5-6 给出了一般化的剂量-效应曲线图。

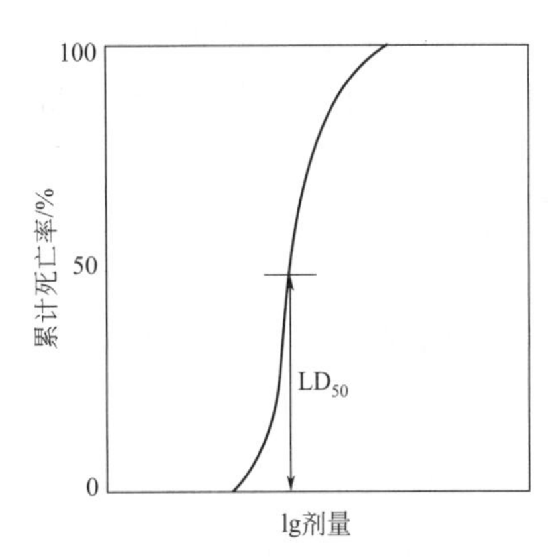

图 5-6 剂量-效应曲线

用相同的方式把某一毒物给同一群实验动物投入不同剂量，用累计死亡的百分数对剂量的常用对数作图，就能得到剂量-效应曲线。大多数的剂量-效应关系曲线呈 S 形，即在剂量开始增加时，效应变化不明显，随着剂量的继续增加，效应变化趋于明显，剂量到一定程度后，变化又不明显。图 5-6 中的 S 形曲线的中间点对应的剂量是杀死 50％的目标生物体的统计估计剂量，定义为 LD_{50}，称为半致死剂量。实验生物体死亡 5％（LD_5）和 95％（LD_{95}）的估计剂量，可通过在曲线上分别读 5％和 95％死亡的剂量水平得到。S 形曲线较陡说明 LD_5 和 LD_{95} 的差别较小。

2. 毒物的联合作用

在实际环境中往往同时存在着多种毒物，它们对机体同时产生的毒性有别于其中任一单个污染物质对机体产生的毒性。两种或两种以上的毒物，同时作用于机体所产生的综合毒性称为毒物的联合作用。下面以死亡率作为毒性指标分别进行讨论。假定两种毒物单独作用的死亡率分别为 M_1 和 M_2，联合作用的死亡率为 M。毒物的联合作用通常分为四类。

（1）协同作用

指多种毒物联合作用的毒性大于其中各个毒物成分单独作用毒性的总和。就是说，其中某一毒物成分能促进机体对其他毒物成分的吸收加强、降解受阻、排泄迟缓、蓄积增多或产生高毒代谢物等，使混合物毒性增加。如四氯化碳与乙醇、臭氧与硫酸气溶胶等。两种毒物协同作用的死亡率为 $M>M_1+M_2$。

（2）相加作用

指多种毒物联合作用的毒性等于其中各毒物成分单独作用的毒性的总和，即其中各毒物成分均可按比例取代另一毒物成分，而混合物毒性均无变化。当各毒物成分的化学结构相近、性质相似、对机体作用的部位及机理相同时，其联合的结果往往呈现毒性相加作用。如丙烯腈与乙腈、稻瘟净与乐果等。两种毒物相加作用的死亡率为 $M=M_1+M_2$。

（3）独立作用

各毒物对机体的进入途径、作用部位、作用机理等均不相同，因而在其联合作用中各毒物生物学效应彼此无关，互不影响。即独立作用的毒性低于相加作用，但高于其中单项毒物的毒性。如苯巴比妥与二甲苯。两种毒物独立作用的死亡率为 $M=M_1+M_2(1-M_1)$。

（4）拮抗作用

指多种毒物联合作用的毒性小于其中各毒物成分单独作用毒性的总和。就是说，其中某一毒物成分能促进机体对其他毒物成分的降解加速、排泄加快、吸收减小或产生低毒代谢物等，使混合毒性降低。如二氯乙烷与乙醇、亚硝酸与氯化物、硒与汞、硒与镉等。两种毒物拮抗作用的死亡率为 $M<M_1+M_2$。

知识自测

1. 简述生物污染的定义。
2. 阐述有毒物质进入人体的主要途径。
3. 简述生物积累、生物放大和生物富集的概念。
4. 简述生物体中酶的特性。
5. 试述重金属汞的生物化学效应。
6. 剂量-效应曲线中 LD_{50} 的含义是什么？
7. 什么是毒物联合作用？它包括哪些作用？

技能训练

鱼的急性毒性实验

一、实验目的

（1）通过观察在不同受试物浓度处理下，鱼的急性中毒表现和经过，了解和基本掌握测定毒物的半数致死剂量/浓度（LD_{50}/LC_{50}）的方法。

（2）了解受试物剂量和生物反应的关系及计算、表示方法。

二、实验原理

鱼对水环境的变化反应十分灵敏，鱼的毒性实验在研究水污染及水环境质量中占重要地位。当水体中的污染物达到一定程度时，就会引起一系列中毒反应，如行为异常、生理功能紊乱、组织细胞病变直至死亡。在规定的条件下，使鱼接触含不同浓度受试物的水溶液，实验至少进行 24h，最好以 96h 为一个实验周期，在 6h、24h、48h、72h、96h 时记录实验鱼的死亡率，确定鱼类死亡 50%时的受试物浓度。本实验将经过实验室驯化的鱼（保证其初始状态一致）放入不同浓度的 $K_2Cr_2O_7$ 溶液中进行 96h 的观察，记录不同浓度组 6h、24h、48h、72h 和 96h 的鱼的死亡率，得出剂量-死亡率曲线，求出不同时间的 LC_{50}。

通过鱼的急性毒性实验可以评价受试物对水生生物可能产生的影响，以短期暴露效应表明受试物的毒害性。鱼类急性毒性实验不仅用于测定化学物质毒性强度、测定水体污染程度、检查废水处理的有效程度，也为制定水质标准、评价环境质量和管理废水排放提供依据。

三、实验试剂

（1）待测化学物：使用实验室制剂——$K_2Cr_2O_7$（Cr^{6+}，2000mg/L）溶液。配制一系列的浓度梯度溶液，本实验为四个浓度梯度和一个空白对照，即 150mg/L、100mg/L、63mg/L、39mg/L、0。每组五个同学，自己配制不同浓度系列的 $K_2Cr_2O_7$ 溶液。

（2）实验动物：锦鲤（从鱼市购买），用曝气后的自来水驯养 3 天，补充氧气以保证溶解氧的浓度。

四、实验步骤

（1）预试验：一般用 3～5 个动物，用对数比例形成的系列浓度，如 0.01mg/L、0.1mg/L、1mg/L、10mg/L、100mg/L，同时做一对照（如受试物为废水，采用体积百分比浓度，如 0.01%、0.1%、1%、10%、100%）从中寻找理想的范围。

（2）正式试验：计算并配制 $K_2Cr_2O_7$ 系列浓度的溶液，选择健康的鱼，放入不同浓度（0、39mg/L、63mg/L、100mg/L 和 150mg/L）的 $K_2Cr_2O_7$ 溶液中，每个浓度的鱼缸里加入 6 条鱼，设 1～3 个平行。在 6h、24h、48h、72h、96h 后检查受试鱼的状况。如果没有任何肉眼可见的运动，如鳃的扇动、碰触尾柄后无反应等，即可判断该鱼已死亡，观察并记录死鱼数目后，将死亡个体挑出。在试验开始后 6h 观察各处理组鱼的状况，同时记录受试鱼的异常行为（如鱼体侧翻、失去平衡，游泳能力和呼吸能力减弱，色素沉积等）。理论上，试验开始和结束时要测定 pH 值、溶解氧和温度。试验期间，每天至少测定一次。至少在试验开始和结束时，测定实验容器中试验液的受试物浓度。试验结束时，对照组的死亡率不得超过 10%。

五、结果与讨论

（1）计算 LC_{50}：以暴露浓度为横坐标，死亡率为纵坐标，在计算机或对数概率纸上，绘制暴露浓度对死亡率的曲线，统计计算出 6h、24h、48h 的半致死浓度（LC_{50}）值，并计算 95%的置信限。如果试验数据不适于计算 LC_{50}，可用不引起死亡的最高浓度和引起 100%死亡的最低死亡浓度估算 LC_{50}的近似值，即这两个浓度的几何平均值（几何平均值等于 n 个数值的乘积开 n 次方，如本实验 LC_{50}的几何平均值等于不引起死亡的最高浓度乘以引起 100%死亡的最低浓度开 2 次方）。

（2）毒性评级：依据 LC_{50}值的大小，按表 5-3 进行毒性分级评价。

表 5-3 鱼类急性毒性实验毒性分级标准

鱼起始 LC_{50}/(mg/L)	<1	1～100	100～1000	1000～10000	>10000
毒性分级	剧毒	高毒	中等毒	低毒	微毒(无毒)

延伸阅读

环境污染可改变遗传基因

美国《科学美国人》杂志曾发表一篇题为“一种新的遗传”的文章，作者为华盛顿州立大学生殖生物学中心主任迈克尔·斯金纳。文章内容如下：

30多年前，当迈克尔·斯金纳的孩子们出生时，他知道，他们的DNA中有大约一半是从迈克尔·斯金纳这里遗传的。那个时候，精子或卵子向胚胎传递DNA被认为是父母的遗传物质向子女传递的唯一途径，至少对人类和其他哺乳动物是这样。

当然，迈克尔·斯金纳明白，DNA并不是定数。的确，一个孩子的许多特征会被写入其DNA，尤其是蛋白编码基因——控制蛋白质形状和功能的DNA编码序列，也是细胞的负重器。不过，养育也起着重要作用。生活中的很多偶然性——人们吃什么、环境中有什么污染物、压力大不大等——都会影响基因的运转。比如，同卵双胞胎尽管有着高度的基因相似性，却可能患上不同的疾病，这时就常会用社会和环境因素的影响来解释。

不过在那时，人们还不知道自己给孩子的生物遗产不仅仅是DNA序列——人们的儿女、孙辈甚至重孙辈都可能遗传一种表观遗传信息。像DNA一样，表观遗传信息位于人的染色体上并调节着细胞功能。但与DNA序列不同，它是对环境做出的反应。它可以有多种形式，包括化学物附着于DNA以及染色体蛋白质上的小分子。

迈克尔·斯金纳的实验室以及其他一些实验室主要针对大鼠和小鼠的一些研究发现，特定污染物——包括农药、飞机燃料甚至一些普通塑料——都会引发可导致疾病或生殖问题的表观遗传修饰，而这都是在不改变动物DNA序列的情况下发生的。更令人吃惊的是，当这种表突变在生成卵子和精子的细胞中发生时，它们就会明显地固定下来，并与可能带来的健康风险一起传递给下一代。

这一领域的科学发展迅速，对人类的长期研究也表明，表突变也可能在人类中一代代地遗传下去。鉴于人类与其他哺乳动物有着许多共同的生物特性，认为人类也会发生表观遗传修饰跨代遗传似乎是合理的。假如真的如此，那对公共健康领域产生的影响将是非常深远的。“婴儿潮”一代人以及更年轻一辈人的肥胖、糖尿病和其他发展迅速的疾病可能都源自他们的父母以及祖父母一代接触的DDT和二噁英等污染物。

大多数表突变的影响不大，或者能在下一代得到纠正，但任何法则都有例外。假如生殖细胞的一个表突变在表观基因组的重组中得到了保护，差不多就像印记基因那样，那它就可能继续影响下一代——甚至可能影响之后的许多代。

如果这种设想是正确的，表观遗传就将对医学产生重要影响。一些科学家正在研究“肥胖因子”——环境中的化学物质扰乱人体代谢而造成体重增加——是否会以遗传的方式增加肥胖风险。美国加利福尼亚大学欧文分校的布鲁斯·布隆伯格和他的同事2013年研究发现，给怀孕的小鼠喝含有三丁基锡（曾主要作为船舶防污油漆广泛使用）的水后，其产下的幼崽就容易出现过多的脂肪细胞和脂肪肝。这种变化会持续两代，而最好的解释就是表突变。这样看来，尽管生活方式和饮食的变化肯定在一定程度上导致了过去50年中肥胖、糖尿病等“富贵病”的增加，但也可以想象，祖辈接触污染物也增加了人们患这些疾病的可能性。

当人们给实验动物注射DDT后，人们发现其第四代幼崽中超过一半都出现了肥胖——虽然其第二代幼崽体型正常——看起来这正是表观遗传所起的作用。对美国这样二十世纪四五十年代出生的一辈人可能受到DDT污染的国家来说，这样的研究结果具有重要意义。美国20世纪50年代以来的三代人中，成年人的肥胖率急剧增长，现已超过35%。

第六章 环境保护与绿色化学

知识链接一 化学工业与环境问题

人类对于化学现象的了解和应用可以追溯到几百万年前。从远古的旧石器时代一直到今天飞速发展的智能化工业时代，化学为探究微观分子结构奥秘，运用不断创新的化学理论和技术，开采和提纯自然界中的矿物质和天然产物，创造合成了数千万种自然界不存在的化学物质。化工产品的大规模合成与应用，为人类认识、利用和改造物质世界做出了巨大的贡献，推动了人类文明的发展与进步。

从经典化学知识的积累、近代化学独立学科的出现，到现代化学的飞速发展，化学的发展始终与社会的发展联系在一起，成为推动社会发展和社会进步的基础学科。化学化工及其发展衍生出来的新技术渗透于人类生活的各个层面，是国民经济的基础和高科技产业发展的支撑，为社会发展和科学技术进步做出了巨大贡献，并将继续为社会的可持续发展做出不可替代的贡献。

但与此同时，随着人类干预大自然的程度和规模的不断加大，在某种程度上增加了人类对大自然的索取欲和征服欲，人类自身逐渐陷入了始料不及的严重困扰：全球性的资源危机和环境危机。

化学为世界经济发展和人类生活水平提高做出了重大贡献的同时，因认知和生产工艺的局限，在某种程度上过度消耗了资源、污染了人类赖以生存的环境。对人类的生存环境产生了一些不容忽视的负面效应，如空气污染、全球变暖、臭氧层空洞、白色污染等。由于现代化学工业以及其他工业的迅速发展，对能源需求的增大，石油、煤、天然气等矿物燃料大量燃烧排放的烟尘、硫氧化物、二氧化碳以及汽车尾气、工厂“三废”、采矿粉尘等化学物质在大气层中、近地表区迅速积聚，造成了严重的大气污染。无节制燃烧化石燃料而产生的大量二氧化碳和碳氢化合物聚集引发的温室效应、对森林等绿色植被的无限攫取与严重破坏，加剧了全球变暖进程，使生态平衡遭到了前所未有的严重破坏，造成了不可逆转的全球灾难。

正如英国前首相丘吉尔（Winston Churchill）先生所言：“人类今天正处在其命运攸关的时刻。科学，一方面日新月异地展现出了巨大美好的前景，另一方面又造成了过分自我毁灭的陷阱。这是过去从未知道，或者说是意想不到的。”

21 世纪的今天，此言论仍有其现实意义。曾有学者惊呼，20 世纪是“全球规模环境破坏的世纪”。

美国马里兰大学 Robert Costanza 领导的研究组经过 15 年的探索研究，于 1997 年在 *Nature* 上发表论文《世界生态系统服务与天然资源的价值》(The value of the world’s ecosystem services and natural capital)。研究组认为：“地球平均每年向人类无偿提供的各种服务总价值高达 33 万亿美元，超过每年全球各国国民生产总值之和”，呼吁要珍惜地球的宝贵资源。

罗马俱乐部在《增长的极限》一书中也曾告诫人们，如果经济无限地增长，不足100年，地球上的大部分天然资源将会进一步枯竭，环境污染和恶化事件也将不断加剧。众所周知，比利时马斯河谷烟雾事件、美国洛杉矶光化学烟雾事件、美国多诺拉烟雾事件、英国伦敦烟雾事件、日本水俣病事件、日本四日市废气事件、日本爱知米糠油事件、日本富山痛痛病事件已成为20世纪世界著名的八大公害事件。

随着社会发展、人类生活的水平不断提高，为了人类探索与自身发展的需要，人工合成化学品的品种日益增多。美国地质调查局早在20世纪80年代就对美国的139条河流进行监测，发现来自工农业废水和人类生活污水排放的各类化学污染物质已达95种之多，不少是以往没有发现的。这些污染物包括低水平的生殖性激素、甾族化合物、抗生素、众多处方和非处方的药物及其代谢产物。然而，其中很多化学品对生态环境产生的效应及其后果，目前人类尚知之甚少，并不十分清楚。

此外，还发现多种属于生活日用品的化学物质，如洗涤剂、消毒剂、驱虫剂、阻燃剂、香水和咖啡因等。当前，添加在多种消费品中作阻燃剂（flame retardant）的化学物质多溴化二苯醚（polybrominated diphenyl ethers，PBDEs）已在世界范围内产生污染。由于这类化合物的广泛应用和具有的亲脂性，已在环境和人乳中高频率发现。它们会对神经系统造成影响，有可能干扰甲状腺激素的平衡，导致发育缺陷，如丧失学习能力，甚至引发癌症等潜在危害。

许多事实表明，有害化学品的负面影响已给生态环境乃至人类健康造成现实的或潜在的巨大威胁。人类已逐渐意识到今天所面临困境的根源是高生产、高消耗、高污染的发展模式所带来的环境问题，这是20世纪人类对资源的过度掠夺和征服自然欲望的膨胀。这些问题虽然不是化学技术和化学工业本身的问题，但却是人类自己无限扩张和对大自然的无度索取所造成的后果。污染与环境问题已成为全球性问题，亟待解决。

20世纪迅猛发展的化学技术推动了科技的发展，改变和造福了亿万人的生活，同时也助推了人类的掠夺和征服欲。随着环境污染的加剧和人类的觉醒，公众对环境保护的认知逐渐深入，开始逐步着手解决当今的环境与环境污染问题，秉承与环境友好可持续发展的理念，重返人与自然和谐共生的生存状态。从节约资源和防止污染的观点来重新审视和改革传统化学，从根本上实现化学工业“绿色化”的绿色化学，为担负保护环境的责任应运而生。绿色化学现已成为化学学科发展的高级阶段和必然选择，化学也因其对物质微观结构、性质与应用的探究，仍将继续扮演着“中心科学”的角色。同时，肩负着继续为人类的衣、食、住、行及现代化发展提供丰富物质基础的重任，为人类认识、利用、改造物质世界，并与自然和谐相处，为推动人类文明的发展与进步，继续发挥着不可替代的作用和贡献。

知识链接二
环境化学与绿色化学

化学品的开发、生产和应用为人类社会的进步做出了不可磨灭的巨大贡献。无论工业、农业，还是人类生活的衣食住行乃至保健、美化诸多方面，都与化学品的供应和质量密切相关。近一个世纪以来，随着科技的迅猛发展，人类对自然的认知越来越深入，以及化学合成技术的工业化，人类制造了数以千万计的大自然中并不存在的化学物品，极大丰富和改善了人类的生存方式，拓展了对大自然的认识。但是，伴随着膨胀的掠夺和征服欲，人类渐渐失去了对大自然的敬畏。

加之科学技术发展的时代局限，人类对自然界已有的和大量合成的化学品本身存在的毒性、使用范围和计量的认知极其有限。在过度的使用及生产过程中并未考虑对环境、对自然的影响，业已造成严重而普遍的对生态环境和自然资源的破坏，并对生物界甚至人类自身的健康产生了明显的危害和日益增加的潜在威胁。

早在20世纪中叶，美国海洋生物学家蕾切尔·卡森在《寂静的春天》中就已描写到："人类对环境最可怕的破坏是用危险甚至致命的物质对空气、土地、河流和海洋的污染。这种污染多数是无法救治的，由它所引发的恶性循环不仅存在于生物赖以生存的世界，而且存在于生物组织中，这种恶性循环大都不可逆转。"然而，由于种种利益的纠纷与膨胀的贪欲，半个多世纪以来，人类对于环境保护呼吁的重视明显不足，行动滞后。

直至20世纪末到21世纪初，工业和经济发达的国家，在历经环境和环境污染问题的困扰之后，开始在生态环境保护领域相继采取措施，使其工业发展和工作重心逐渐从污染治理转向污染预防。1992年在巴西里约热内卢举行的联合国环境与发展峰会上一致肯定了可持续发展（sustainable development）战略思想，即工业增长、经济发展必须既符合当代人类社会需要，又能为后代保护资源和环境。

此后，这一长远发展的战略思想逐渐被世界各国政府和广大人民群众所认知。由此，孕育了绿色化学的发展理念，化学工业和工业生产不再是污染的代名词，绿色化学将它们与环境保护紧密地联系在一起。

一、绿色化学内涵与目标

1. 绿色化学的内涵

绿色化学（green chemistry）又称环境无害化学（environmentally benign chemistry）、环境友好化学（environmentally friendly chemistry）、清洁化学（clean chemistry）、可持续化学（sustainable chemistry）。绿色化学即是用化学的技术和方法去减少或消除那些对人类健康、社区安全、生态环境有害的原料、催化剂、溶剂、试剂、产物、副产物等的使用和产生。也有研究者认为，绿色化学就是设计并研究一系列环境友好方法，以利于可持续发展的原则，应用在化学产品的设计、开发和加工生产过程中，减少或消除使用或产生对人类健康和环境有害物质的科学。

需要说明的是，绿色化学并不等同于一般的污染控制化学。污染控制化学研究的对象主要是对已被污染的环境进行治理的化学原理与技术，目的是使环境恢复到被污染前的状况。绿色化学的理想是不产生污染或使污染消除在产生的源头，使整个合成过程和生产过程对环境友好，不再使用有毒、有害的物质，不再产生废物，不再处理废物，这是从根本上和源头消除污染的科学思想。

同样，绿色化学工艺与一般的控制污染的技术也有着本质的区别，它从根本上关注和防止污染产生，解决废弃物的减排问题，即减少化学工业难题之"废液、废气和废渣"的排放和循环利用的问题。诸如解决催化剂、溶剂等原辅材料的再生，使之能够循环和持续性使用，达到有效降低成本及减少"三废"排放。将化工废弃产品回收作为原料重新参与制造过程，使废物再生，变废为宝，使得"三废"有望成为下一个生产环节的原料，以节省资源、循环利用、减少污染。在生产过程中拒绝使用有毒、有害、有污染的原料，这是从源头防止污染的最根本方法。

绿色化学的理念是在工业生产的始端就采用预防污染的科学手段和措施，过程和终端也始终要求废弃物零排放或零污染。世界上很多国家已把“化学的绿色化”和“化学工业的绿色化”作为21世纪化学发展和工业革命的主要方向。

2. 绿色化学的目标

绿色化学的研究目标是利用可持续的方法来消除或降低维持人类生活水平及科技进步所需的化学产品、在生产或使用过程中因技术局限产生的有毒有害物质，使其可能造成的危险性降到最小。

所谓的危险性（risk）是指危害性（hazard）与暴露性（exposure）的函数，可以简单地表示为两者的乘积：

危险性＝危害性×暴露性

传统意义上，对环境的治理是通过环保条例与规则来控制有毒有害物质的暴露性以降低其危险性。如制定一系列的环境标准来控制某些化学物质在大气、水、土壤中的安全浓度，为操作人员采取保护措施等。目前，虽已开发出许多污染治理的方法和技术来控制环境中有毒有害化学物质的暴露对人类及环境的危害，但暴露控制不仅需要耗费大量的资金，且从现有的治理和控制效果来看，投入与产出严重失衡，仍然继续对人类健康与环境产生较大的显在和潜在的威胁。因此，末端治理污染的防控不是一个理想的危害防止与处理方法。

与以上传统治理污染方法不同的是，绿色化学是通过降低有毒有害物质内在的危害性来减小危险性。因此，不仅可以避免暴露控制的需要，还可以预防由于意外事故而造成的环境污染，是从源头防止环境污染的科学方法。

3. 绿色化学的核心

绿色化学主要从原料的安全性、工艺过程的节能性、反应原子的经济性和产物环境的友好性等方面对生产过程进行设计和评价。

原子经济性和“5R”原则是绿色化学的核心内容。原子经济性是指在反应过程中应充分利用反应物中的各个原子，既要求充分利用资源又要求预防污染。原子经济性要求反应过程中原子利用率的最大化，原子利用率越高，越能最大限度地利用原料中的每个原子，使之结合到目标产物中，反应产生的废弃物就越少，对环境造成的污染就越小。如在环氧乙烷的催化氧化合成反应中，反应物乙烯和氧在催化剂的作用下，每个原子都得到了全部利用，全部转化为产物分子环氧乙烷，且无副产物产生，原子经济性和原子利用率均为100%。

绿色化学要求在设计实验和生产过程中应遵循绿色化的“5R”原则，即：

① reduction，是指减量使用原料，减少实验废弃物的产生和排放；

② reuse，要求尽可能采取循环使用、重复使用的手段，如合成过程的催化剂和溶剂、结晶过程母液的循环利用；

③ recycling，再回收，实现合成与生产过程中资源的回收利用，从而实现“节省资源、减少污染，降低成本”；

④ regeneration，再生利用，变废为宝，资源和能源再利用是减少污染的有效途径；

⑤ rejection，拒用有毒有害品，对一些无法替代又无法回收、再生和重复使用的，有毒

副作用及会造成环境污染的原料，拒绝使用，这是杜绝污染的最根本的办法。

4. 绿色化学的研究方向

近年来，绿色化学的研究主要围绕化学反应、原料、催化剂、溶剂和产品的绿色化来进行。2004 年，英国 CrystalFaraday 协会提出了 8 个绿色技术领域，即绿色产品设计、绿色原料、绿色反应、绿色催化、绿色溶剂、绿色工艺改进、绿色分离技术和绿色实现技术。在此基础上，我国学者纪红兵和佘远斌等提出了绿色化工产品设计、原料绿色化及新型原料平台、新型反应技术、催化剂制备的绿色化和新型催化技术、溶剂的绿色化及绿色溶剂、新型反应器及过程强化与耦合技术、新型分离技术、绿色化工过程系统集成、计算化学与绿色化学化工结合等九个方面绿色化学和化工的发展趋势。

从现已做出的成果来看，概括起来绿色化学的主要研究方向涉及：

① 探索利用化学反应的选择性（包括化学的、区域的和立体选择性）来提高化学反应的原子经济性，降低产品不良的生态效应，增强对环境的友好程度。

② 发展和应用对环境和人类无毒无害的试剂和溶剂，特别是开发以超临界流体、离子液体和水为反应介质的化学反应。

③ 大力开发新型环境友好催化剂以提高反应的选择性和效率。

④ 采用新型的绿色分离技术等。

绿色化学是解决当今世界环境基本问题之一——污染问题的根本方法。

与传统的环境污染处理理念和方法不同的是，绿色化学是以利用可持续发展的方法，强调把维持人类生活水平及科技进步所需的化学产品、在生产或使用过程中因技术局限产生的有毒有害物质，以及其可能造成的环境风险降到最小为努力的目标；是通过改变化学反应的途径，设计或重新设计化学物质的分子结构，使其具备所需的特性又避免或减少有毒有害基团的使用与产生。

同时，绿色化学追求设计高选择性的化学反应，副产品极少。追求的目标是原子经济性（atom economy），通过反应物原子利用率 100% 的设计和高选择性设计，实现合成与生产过程的零排放（zero emission），最大限度预防和杜绝环境污染物的产生。因此，绿色化学不仅可以预防和杜绝环境污染的产生，亦可提高生产效率和环境资源与能源的利用率，提高化工和工业生产过程的经济效益，是化工过程和现代化工业可持续发展的技术基础。

绿色化学诞生至今已有 20 余年，其在促进现代化进程的可持续发展方面已发挥了巨大的作用，呈现鲜明的特色。已产生的诸多原创性学术成果，广泛应用于工业和农业以及现代化产业等领域，取得了可观的社会和经济效益。

二、环境化学与绿色化学

1. 环境科学与绿色化学

环境科学旨在探索全球范围内的环境演化规律、人类活动与自然生态之间的关系、环境变化对人类生存的影响，以及区域环境污染的防治技术和管理措施。微观上研究环境中的物质在有机体内迁移、转化、蓄积的过程以及其运动规律，对生命的影响和作用机理，尤其是人类活动排放出来的污染物质。

环境中人工合成和天然存在的有毒有害化学品种类繁多、数量巨大。有的有毒化学品具有多重性，不但是持久性有机污染物，可能同时具有致癌性，甚至还表现出环境内分泌干扰的性质。所谓有毒化学品，是指那些进入环境后经蓄积、生物积累和转化或以化学反应等方式损害环境和生态系统，或通过暴露接触对生物乃至人体具有严重危害或潜在风险的化学品。

当前世界范围内最关注的化学污染物主要是持久性有机污染物（persistent organic pollutants，POPs），尤其关注具有致突变（mutagenic）、致癌变（carcinogenic）和致畸变（teratogenic）作用的所谓“三致”化学污染物，以及环境内分泌干扰物（environmental endocrine disrupters，EEDs）。持久性有机污染物是某些人工合成或天然的有机化合物，它们是能在各种环境介质中长距离迁移并能长久存在于环境而不降解的有机污染物。遗传毒物是指某些能够直接损伤DNA或产生其他遗传学效应而使基因和染色体发生改变的外来化学物质，又称致突变物或诱变剂（mutagen）。化学致癌物是指具有诱发肿瘤形成能力的化学污染物。环境内分泌干扰物是指那些能干扰机体天然激素的合成、分泌、转运、结合或清除的各种外源性物质。它们可能是天然的也可能是人工合成的化学物质，后者是环境污染的主要来源，它们通过模拟、增强或抑制天然激素的功能而产生危害作用。

虽然环境科学的根本任务就是要为解决人类与自然的和谐问题服务。但大量有害化学物质进入地球各个圈层，使环境质量大大降低，直接或间接损害人类健康，影响生物的繁衍和生态平衡。大量事实表明了有毒有害化学品的负面影响已给生态环境乃至人类健康遗传基因造成现实的或潜在的巨大威胁。

目前，环境问题日趋严重，仅靠单一的环境学科，无法从本质上解决已发生的环境污染问题。为此，解决化学污染物的问题仅靠“点水止沸”式的末端治理是不行的，必须从源头化学品的设计、生产过程着手进行“釜底抽薪”式的革新以消除产生污染等负面效应的根源。

随着人类社会对可持续发展的迫切需要，将化学及化学工业的发展与环境保护、生态工业相融合，使化学发展成为可持续发展的学科。从源头解决传统化学技术和与化工生产相关工业领域等带来的环境污染问题的崭新学科“绿色化学”将与环境科学一同，综合运用多种工程技术措施和管理手段，从区域环境的整体出发，调节并控制人类和环境之间的相互关系，利用系统分析和系统工程的方法共同寻找解决环境问题的最优方案。

2. 环境化学与绿色化学

绿色化学与环境化学、可持续发展、清洁生产、循环经济等词汇虽然有着密切的联系，但不是完全等同的概念。

绿色化学是根据预防环境污染的思想发展起来的，其目标是运用化学技术去减少或消除那些对人类健康有害的原料、产物、副产物、溶剂或试剂等物质的应用，是防止污染的基本方法和重要工具。所谓污染防止就是使化工生产和工业生产的源头和生产过程中，不再使用环境有害物质、不再产生废物、不再有废物处理等问题。

绿色化学与环境化学的主要区别在于，环境化学是一门研究污染物的分布、存在形式、运行、迁移及其对环境影响的科学。与环境化学先污染后治理的思路不同，绿色化学的基本思想是从源头杜绝或消除污染，不产生副产物或废弃物，其理想目标是实现生产过程的“零排放”。从根本上考虑环境、健康和安全对过程或产品的影响。

3. 清洁工艺与环境治理

对于我国化学工业的发展而言，对环境污染问题的认识和运用绿色化学思想，采取清洁生产工艺对环境污染的治理过程，主要分为三个阶段：

第一阶段，20 世纪 70 年代至 80 年代中期，我国粗放型的工业生产所带来的环境问题尚未完全凸显，从认知层面整体对环境问题认识和重视不足。

第二阶段，20 世纪 80 年代中期至 90 年代，开始认识环境污染问题的严重性，并采取了一些积极措施进行环境治理。主要的措施是防止生产过程的“跑、冒、滴、漏”，没有摆脱“先污染，后治理”，以追求经济发展为指导思想的治理理念。

第三阶段，20 世纪 90 年代至今，随着环境资源的过度开发与破坏，全球性自然环境与气候危机的爆发，生态环境日趋恶化，环境污染给人类健康造成现实的或潜在的巨大的负面效应问题日益凸显，全球性环境保护的呼声日渐高涨。环境保护和治理要求采用可持续发展的生产方式，即从清洁工艺或绿色合成开始，包括原料和副产物的循环使用与再利用，从源头上消除或减少污染的产生，降低环境治理的成本，提高环境保护的共识。

三、绿色化学与环境友好

绿色化学又称“环境友好化学”。它的特点是不污染环境，核心是在对人、动物无毒害性的前提下，能够被环境自然消化、分解、吸收，并且其最终分解的产物与天然物质相当，不污染环境、不破坏自然生态平衡，能够融入自然循环之中，以绿色化学的发展理念来建设环境友好型的社会。

所谓环境友好型社会则是一种人与自然和谐共生的社会形态，其核心内涵是人类的生产和消费活动与自然生态系统相互协调，并具有可持续发展的原动力。也就是全社会都应该采取有利于环境保护的生产方式、生活方式、消费方式，建立人与自然环境良性互动的和谐关系。反之，良好的自然和社会环境也会促进生产、改善生活，实现人与自然的和谐共生。建设环境友好型社会，就是要以人与自然和谐相处为目标，以环境承载力为基础，以遵循自然规律为核心，以绿色科技为动力，倡导环境文化和生态文明，构建经济、社会、环境协调发展的社会体系，实现可持续发展。

“可持续发展”（sustainable development）概念是在 1980 年 3 月联合国环境大会上首次提出的。1987 年，《世界环境与发展委员会》公布了题为“我们共同的未来”的研究报告。报告提出了可持续发展的战略目标，标志着一种新的科学发展观的诞生。报告把可持续发展定义为“可持续发展是在满足当代人需要的同时，不损害人类后代满足其自身需要的能力”。明确提出了可持续发展的战略，提出了保护环境的根本目的在于确保人类的持续存在和持续发展。

继 1972 年 6 月瑞典斯德哥尔摩联合国人类环境会议之后，1992 年 6 月，在巴西的里约热内卢召开了“联合国环境与发展大会”。这是环境与发展领域中规模最大、级别最高的一次国际会议，183 个国家和 70 多个国际组织的代表出席了会议，102 位国家元首或政府首脑与会讲话。会议通过了关于环境与发展的《里约热内卢宣言》（又称《地球宪章》）和《21 世纪议程》，154 个国家签署了《气候变化框架公约》，148 个国家签署了《保护生物多样性公约》。大会通过的《21 世纪议程》阐述了可持续发展的 40 个领域的问题，提出了 120 个实施项目。这是可持续发展理论走向实践的一个转折点。

中国政府为响应和落实联合国大会的决议，于 1994 年制定了《中国 21 世纪议程——中国21世纪人口、环境与发展白皮书》，指出“走可持续发展之路，是中国在未来和下世纪发展的自身需要和必然选择”。1996年3月，我国八届人大四次会议通过的《中华人民共和国国民经济和社会发展“九五”计划和2010年远景目标纲要》明确把“实施可持续发展，推进社会主义事业全面发展”作为我国的发展战略目标。2005年8月，我国在十六届五中全会上明确提出了要建设资源节约型、环境友好型社会。从2013年起，我国实施大气、水、土壤污染防治三大行动计划。据统计，2016年，京津冀、长三角、珠三角三个区域细颗粒物（$PM_{2.5}$）平均浓度与2013年相比都下降了30%以上，地表水国控断面Ⅰ～Ⅲ类水体比例增加到67.8%。

这是紧密结合中国国情，借鉴国际先进发展理念，着力解决中国经济发展与资源环境矛盾的一项重大战略决策。实施可持续发展战略是一场深刻的社会变革，国内外的实践已经表明，国民经济与社会发展不能走“先污染、后治理”的路线。必须按可持续发展的要求，全方位调整产业结构，提高各行各业的技术水平，要实现工业清洁生产，控制污染排放，既要金山银山又要绿水青山。

四、绿色化学的发展

1. 国际绿色化学的发展

绿色化学最初发端于美国，1984年美国环保局（EPA）提出了化学合成与化工生产过程中的“废物最小化”理念。基本思想是通过减少产生废物和回收利用废物，以达到废物最少，初步体现了绿色化学的思想。但“废物最小化”概念并不能涵盖绿色化学整体思想，它只是化学工业的一个术语，缺少绿色化学注重生产全过程的理念。

1989年，美国环保局又提出了“污染预防”的概念，指出最大限度地减少生产场地产生的废物，包括减少使用有害物质和更有效地利用资源，并以此来保护自然资源，初步形成了绿色化学思想。

1990年，美国颁布了着眼源头污染预防的第一个环境法规——《污染预防法》（*Pollution Prevention Act of 1990*），并将污染预防法案对污染的预防确立为国策。所谓污染预防是指从源头控制和设计，使得废物减少或不再产生，最终达到不再有废物处理的问题。该法案中第一次出现“绿色化学”一词，指明为采用最少的资源和能源消耗，并产生最少环境排放的工艺过程。

1991年，“绿色化学”成为美国环保局的中心口号，在确立绿色化学重要地位的同时，美国环保局污染预防和毒物办公室启动了“为防止污染变更合成路线”的研究基金计划。目的是在鼓励和资助化学品设计与合成的研究中启动污染预防的研究项目。

1993年，“绿色化学”的研究主题进一步扩展到绿色溶剂、安全化学品等，并改名为“绿色化学计划”，为“绿色化学”构建了学术界、工业界、政府部门及非政府组织等自愿组合的多种合作形式，目的是促进应用化学技术来预防污染的产生。

1994年，美国化学会在举行第208届全国年会时，将环境化学分会的主题命名为“为环境而设计：21世纪的环境范例”。同时，这次会议也是为纪念曾为绿色化学诞生初期做出重要贡献的已故Hancock博士召开的。分会共包括13个分组会，收集了106篇论文报告。主题涉及为环境设计化学合成和过程、在社区和工业中设计化学品的安全性、有关决策设计的信息工具和数据库、清洁生产国际展望、设计安全化学品、环境友好生产过程——方法和案例、在21世纪中设计无铅儿童用品等。

会议广泛地报道和交流了有关污染预防和为环境而设计的各方面具有挑战性的新知识和研究范例。实际上是首次以“绿色化学”为主题召开的国际学术研讨会。

1995年，美国环保局、学术界、工业界与相关政府部门协作，提出以化学为基础，开发新的污染预防技术并建议设立“总统绿色化学挑战奖”加以鼓励。经当届克林顿总统批准，设立此种特殊奖励，在华盛顿每年举行的绿色化学与工程学术年会之际予以表彰颁发。

1997年，美国率先在互联网上组成了一个虚拟的非营利环保组织，以后逐渐演变和建立了世界第一个绿色化学研究院（Green Chemistry Institute）。

此后不久，Anastas博士和Massachusetts大学的Warner教授共同提出了绿色化学的十二条原理，为绿色化学奠定了理论基础。1998年出版了由他们共同执笔的首部该领域的学术专著——《绿色化学：理论和实践》。

1999年年初，英国皇家化学会创办了国际性的学术刊物*Green Chemistry*。在积极进行科学研究和开展学术交流活动的同时，抓紧启动相关绿色化学的教育工作，并取得显著效果。美国环保局与美国化学会协议，共同设计、开放和颁布了有关绿色化学的课程教材，提供大学和独立学院使用。意大利的化学和环境科学的校级联合体举办了绿色化学国际研究生暑期学校。

1999年，澳大利亚皇家化学研究所设立了“绿色化学挑战奖”。此奖项旨在推动绿色化学在澳洲的发展，奖励为防止环境污染而研制的各种易推广的化学技术的革新及改进，表彰为绿色化学教育的推广做出重大贡献的单位和个人。

此外，日本也设立了“绿色和可持续发展化学奖”，英国设立了绿色化工水晶奖、英国绿色化学奖、英国化学工程师学会环境奖等。

2. 我国绿色化学的发展

1994年，中国政府制定了《中国21世纪议程——中国21世纪人口、环境与发展白皮书》，共20章、78个方案领域，提出了中国实施可持续发展的总体战略、对策以及行动方案。这是全球第一部国家级的21世纪议程。

1995年，中国科学院化学部确定了“绿色化学与技术”的院士咨询课题，提出以“绿色化学与技术——推进化工生产可持续发展的途径”作为重要的科研选题，为推动我国绿色化学的发展提供理论和技术研究基础。

1996年，中国科学院召开了“工业生产中绿色化学与技术”研讨会，并出版了《绿色化学与技术研讨会学术报告汇编》。

1997年，国家自然科学基金委员会与中国石油化工集团公司联合立项资助了“九五”重大基础研究项目“环境友好石油化工催化化学与化学反应工程”，举办了以“可持续发展问题对科学的挑战——绿色化学”为主题的香山科学会议。随后，科技部组织专家评审通过，支持了相关以绿色化学技术为核心内容的申请课题，将其列入国家重点研究项目。

1998年，在合肥举办了第一届国际绿色化学高级研讨会。《化学进展》杂志出版了《绿色化学与技术》专辑。四川大学成立了绿色化学与技术研究中心。

1999年年底，在北京九华山庄举行了以“绿色化学基本科学问题”为主题的21世纪核心科学问题论坛。

2005年，《中共中央关于制定国民经济和社会发展第十一个五年规划的建议》中强调，要全面贯彻落实科学发展观，要加快建设资源节约型、环境友好型社会，大力发展循环经济，加大环境保护力度，切实保护好自然生态，认真解决影响经济社会发展特别是严重危害人民健康的突出环境问题。

2006年，正式成立了中国化学学会绿色化学专业委员会。

上述一系列活动推动了我国绿色化学的发展。至此，我国开启了以环境承载力为基础，以遵循自然规律为准则，以绿色科技为动力，倡导环境文化和生态文明，建设环境友好型和资源节约型社会，实现可持续发展的绿色新时代。

知识链接三 绿色化学在环境保护中的应用

化学工业对环境的影响主要有两方面，一方面是化工生产过程中的“三废”排放，另一方面是某些化工产品在使用中产生的二次污染。前者主要是由于客观生产技术的局限和管理过程的缺失，以及追求经济效益忽视环境因素而造成的；后者主要是对化学品在使用和废弃后对环境的影响认识和研究不足造成的。如20世纪中后期，对含磷洗衣粉使用后废水的排放有可能造成二次污染的认识不足，造成大量水域富磷化，藻类滋生。

含磷洗衣粉的大规模使用，排出的废水未经严格处理，直接排放到江河湖海，使江湖等水域富营养化，不仅影响了水产品的正常生产，还造成了水域的严重污染。同样，使用农膜和一次性餐具带来的白色污染，造成耕地面积的减少，以及化学农药在使用时，通常只有0.1%击中靶标害虫，而99.9%都污染了环境，造成可耕土地的恶化等污染问题的不断出现，催生了绿色化学的理念在化学工业及其他工业生产中的应用和在环境保护中应用评价的研究。

一、绿色过程中的环境评价

1. 原子经济

原子经济（atom economy）这一概念，最早由美国斯坦福大学的B. M. Trost教授提出，是绿色化学的重要核心内容。传统上一般仅用经济性来衡量化学工艺是否可行，绿色化学的理念指出应该用一种新的标准来评估化学工艺过程，即选择性和原子经济。

原子经济重点关注的是在化学反应中究竟有多少原料的原子进入产品之中。这一标准既要求尽可能地充分利用反应物中的各个原子，节约不可再生资源，又要求最大限度地减少废弃物排放，防止污染发生。

原子经济的目标是在设计化学合成时，使原料分子中的原子更多或全部地转化到最终希望的产品中。理想的原子经济反应是原料分子中的原子百分之百地转变成产物，不产生副产物或废物，实现废物的“零排放”（zero emission）。

通常用原子利用率衡量反应的原子经济，原子利用率越高，反应产生的废弃物越少，对环境造成的污染也越少。

高效的有机合成应最大限度地利用原料分子的每一个原子，使之结合到目标分子中，达到零排放。如下反应：

$$A+B \longrightarrow C+D \quad (1)$$

$$A+B \longrightarrow C \quad (2)$$

若反应中A和B为起始原料，C是产物，D是副产物。合成路线（1）既有C生成又有D生成，D在多数情况下是对环境有害的或者是被浪费的产物，形成的废弃物将对环境造成负荷或产生污染。大多数有机合成反应是此类型的，不同程度地造成了资源的浪费。合成路线（2）只生成产物C，表明反应物A和B的原子得到了充分的利用，没有任何副产物生成。这样的就是原子经济反应，反应的原子经济性不但节省了资源，而且减少了废弃物的排放。

原子经济的理念为研究发现新反应、设计绿色合成路线提出了资源经济的要求，在设计化学反应中既要考虑原料中有多少的原子进入产品中，又要尽可能地节约不可再生的原料资源，要求最大限度地减少污染的排放，这对于环境保护及资源利用意义重大。

2. 原子利用率

原子利用率是在理论收率的基础上来比较反应物转变为产物的原子的利用程度，是衡量用不同路线合成同一特定产品时，对环境影响的快速评估方法。原子利用率要求在化学反应的过程中反应物中的原子尽可能多地变成所需产物中的原子，使副产物和废物尽可能少；要求反应有高的选择性和转化率；要求所选择的反应路线应有高的原子经济效率。

原子利用率的定义是目标产物的量占反应物总量的百分比。即：

$$\text{原子利用率}=\frac{\text{预期生成物的分子量}}{\text{全部反应物的分子量总和}}\times 100\%$$

计算方法通常是以生成物的分子量或摩尔质量与所有反应物的分子量或摩尔质量之和的比值（也可以用摩尔比，均按反应计量式计算）。

$$\text{原子利用率}=\frac{\text{生成物的摩尔质量}}{\text{按化学计量式所得所有产物的摩尔质量总和}}\times 100\%$$

在化学反应中，用原子利用率衡量生产一定量目标产物到底会生成多少废物时，通常情况下，若确定了合成反应的化学反应计量式，则其最大原子利用率也就确定了。

例如，合成环氧乙烷的路线主要有经典的氯乙醇法和催化氧化法，其原子利用率的计算方法如下。经典的氯乙醇法合成方法，原子利用率为25%。

$$CH_2=CH_2+Cl_2+H_2O \longrightarrow ClCH_2CH_2OH+HCl$$

$$ClCH_2CH_2OH+Ca(OH)_2 \xrightarrow{-HCl} \underset{\diagdown\ O\ \diagup}{CH_2—CH_2}+2H_2O$$

$$\begin{array}{lcccc} & C_2H_4+Cl_2+Ca(OH)_2 \longrightarrow & C_2H_4O & +\ CaCl_2 & +\ H_2O \\ \text{分子量} & & 44 & 111 & 18 \end{array}$$

$$\text{原子利用率}=\frac{44}{44+111+18}=\frac{44}{173}\times 100\%=25\%$$

以乙烯和氧为原料的催化氧化法合成方法，原子利用率为100%。

$$CH_2=CH_2+\frac{1}{2}O_2 \xrightarrow{Cat} \underset{\diagdown\ O\ \diagup}{CH_2—CH_2}$$

$$\text{原子利用率}=\frac{44}{28+16}=\frac{44}{44}\times 100\%=100\%$$

由乙烯制备环氧乙烷的合成反应可知，即使反应的选择性、转化率都达到100%，若合成反应路线不同，原子利用率也不同。一般状况下，有机反应中的重排反应和加成反应以及无机反应中的化合反应的原子经济性最高，为 100%，其他类型反应原子经济性则较低。

原子利用率越高，副产物越少。当原子利用率为 100%时，表明最大限度地利用了反应原料，最大限度地节约了资源，最大限度地减少了废物排放或达“零废物排放”。因而，最大限度地减少了环境污染，或者说从源头上消除了由化学反应副产物引起的污染，为优先考虑的合成路线。

3. 环境因子

原子利用率是绿色化学用于评价和选择化学反应合成路线的重要指标，为了对生产过程整体进行控制，绿色化学借鉴生态学的研究方法，提出了绿色化学的“环境因子”概念。环境因子最早是用于生态学的研究，1947 年美国生态学家 R. F. Daubenminre 以环境因子的特点为标准，将环境因子分为气候类、土壤类和生物类三大类，以及土壤、水分、温度、光照、大气、火和生物因子 7 个并列的项目。

绿色化学领域内的环境因子则是衡量生产过程对环境的影响程度的参量。其定义是在一个化学反应过程中，所生成或排放的废物量占生成物或目标产物量的比值，也即每生产单位产品所伴生的副（废）产物的数量。

$$E=\text{排放的废物量}/\text{生成物的量}$$

环境因子 E 的单位可以是 kg/kg 或 mol/mol，用 mol/mol 时需要知道废物的化学组成，废物包括产品之外的所有物质，如废催化剂、溶剂等。E 反映了为生产单位量的产品造成的废物量，降低 E 就会降低环境负荷。表 6-1 是化学工业部门中常用化工产品的环境因子 E-因子的范围。

表 6-1　常用化工产品的 E-因子（E-factor）

化学工业部门	产品吨位	副产物量(kg)/产品(kg)
石油炼制产品	$10^6\sim10^8$	约 0.1
大宗化工产品	$10^4\sim10^6$	1～5
精细化工产品	$10^2\sim10^4$	5～50
制药工业	$10^1\sim10^3$	25～100

绿色化学的环境因子认为：

① 相对于每一种化工产品而言，目标产物以外的任何物质都是废物。

② 环境因子越大，则过程产生的废物越多，造成的资源浪费和环境污染也越大。

③ 对于原子利用率为 100%的原子经济性反应，E-因子为零。

在化工生产中，认为除了产品之外的一切副（废）产物均可视为“废物”（waste）。因此，对于有机合成而言，随着推广应用的增加，环境问题也日趋严重。尽管有机合成技术的水平越来越高，而在生产过程中产生的副（废）产物越来越多。这些副产物大多数是在提纯过程中因中和酸、碱而产生的无机盐，如 NaCl、Na_2SO_4、$(NH_4)_2SO_4$ 等。精细化工与制药工业的副（废）产物的增多，也是由于它们是多步合成（multi-step synthesis）的缘故。

绿色化学就是在化学品的设计、制造和使用过程中利用一系列的原则来减少甚至消除有毒有害物质的使用或在过程中的生成。环境不友好的废物是化学品生产努力减少却始终无法彻底摆脱的问题之一。如何减少合成步骤，提高反应的原子经济性，开发无盐生产工艺是目前化学化工界面临的重要任务之一。

环境因子 E 能较好地反映出单位产物产生的废物量，但并不能说明废物中各种物质对环境的影响。为此，有学者又从不同的研究角度提出了一些反应过程中绿色化程度的评价指标。如环境负担因子、产品的环境指数 P、产品的环境毒性因子等。

ICI公司采用了一种衡量环境损害的指标，称为“环境负担因子”（environment load factor，ELF）。它表示每生产一个单位产品所需的原料、溶剂、催化剂等的总质量，如下式所示：

$$\mathrm{ELF}=(\text{投入量}-\text{产出量})/\text{产出量}$$

4. 环境商

原子利用率和环境因子等反应评价指标的提出，使化学工作者在设计反应的过程中，对反应路线的选择、反应对环境的影响有了更多的关注。但仅仅用副（废）产物的量来衡量不同的工艺路线及对环境的影响过于笼统。为此，Sheldon 提出了“环境商”（EQ）的概念，它是环境因子（E-factor）与任一指定的不利商 Q 的乘积。

环境商（EQ）通常是指化工产品生成过程中产生废弃物量的多少、物化性质及其在环境中的毒性行为等综合评价指标，用以衡量合成反应对环境造成影响的程度。也是环境效益的一个评价指标。

$$\mathrm{EQ}=EQ$$

式中 E——环境因子；

Q——根据废物在环境中的行为给出的废物对环境的不友好程度。

EQ 值的相对大小可以作为化学合成和化工生产中选择合成路线、生产过程和生产工艺的重要因素。能更有利于计算和评估副（废）产物的数量与性质，以及对环境不利因素的评价。

例如，可将无毒的氯化钠和硫酸铵的不利因子 Q 值定义为 1。对于有害重金属离子的盐类、有机中间体和含氟化合物等，根据其毒性的大小，Q 的取值为 100～1000。当然，这些数字的确定当前还存有争议，但并不影响用 EQ 的大小作参考来衡量或选择合理的合成工艺路线，评估不同的合成方法。

5. 环境指数

也有学者认为可用产品的环境指数（P）来研究废物的毒性对环境的影响。所谓产品的环境指数是环境因子与废物毒性指数的函数。表示为：

$$P=EQ$$

当废物由多种物质组成时， $P=\sum E_iQ_i$

Q 为废物的毒性指数或毒性当量值，如 Na 盐的 $Q\approx1$，Cr 盐的 $Q\approx100\sim1000$。但废物及其每种组成物质的毒性指数 Q 难以精确确定，故环境指数目前仅是一种概念。对环境指数的进一步研究，有学者提出了产品的环境毒性（剧毒）因子，是指排放的有毒（剧毒）物质的量与生成物的量的比值。

环境有毒因子 E_1、环境剧毒因子 E_2，表示如下（是否有毒或剧毒应以国家标准为准）。

$$E_1=\text{排放的有毒物质的量}/\text{生成物的量}$$

$$E_2=\text{排放的剧毒物质的量}/\text{生成物的量}$$

E_1、E_2 能较 E-因子更精确地描述产品对环境的危害程度。为了更好地保护环境，除了降低各类环境影响因子外，还应进行总量控制。

6. 生命周期评价

绿色化学不仅强调“绿色”化工品的设计过程和主要生产过程，而且最终也要求用生命周期评价的方法评估每一个化合物。

生命周期评价（life cycle assessment，LCA）是一种研究化工产品对生态环境的影响以及减少这些影响的方法，包括考察产品生命周期的每一步，如化合物的合成从原料的选取、预处理、生产，产品的精制、应用、循环利用以及排放对环境的影响，同时包含对副产物和助剂，如溶剂与添加剂，以及生产绿色产品的技术措施等的考察与评价。

生命周期评价是一种用于评估产品在其整个生命周期中，即从原材料的获取、产品的生产直至产品使用后的处置，对环境影响的技术和方法。是针对取材于自然界的原料与能源的获取与消耗和向环境排放废弃物的数量与质量对环境影响的评价，主要包括生产过程、产品使用或回用、产品使用之后三个阶段。

作为新的环境管理工具和预防性的环境保护手段，生命周期评价主要应用在通过确定和定量化研究能量和物质利用及废弃物的环境排放来评估一种产品、工序和生产活动造成的环境负载；评价能源材料利用和废弃物排放的影响以及评价环境改善的方法。

生命周期评价注重研究系统在生态健康、人类健康和资源消耗领域内的环境影响。通过辨识和量化整个生命周期阶段中能量和物质的消耗以及环境释放，然后评价这些消耗和释放对环境的影响，最后辨识和评价减少这些影响的方法。

生命周期评价是一种用于评价产品或服务相关的环境因素及其整个生命周期环境影响的工具，也是一种环境管理技术［其他技术包括风险评估（risk assessment)］、环境影响评价（environment impact assessment）等，也包括生命周期投入产出分析（input and output analysis)、生命周期影响评价（impact assessment）和生命周期解释阶段（interpretation phase)。生命周期评价方法一般并不直接用于经济、技术或社会方面，它主要应用于评价产品的改进方向、方式，支持战略和市场运作等方面。但它的规则、指导原则和系统定义通常被经济技术分析借鉴，形成经济技术的生命周期评价方法。

产品的生命周期研究包括产品的研发应用与生命周期评价，如目标和范围确定、清单分析、影响评价，以及对以上各流程的结果解释。如图 6-1 所示。

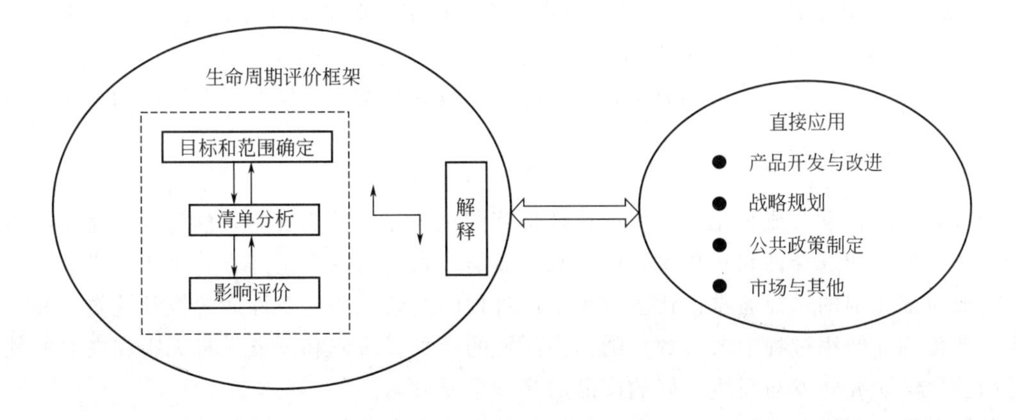

图 6-1 生命周期研究步骤

生命周期影响评价强调全面认识物质转化过程中对环境的影响，不仅包括各种废料的排放，还涉及物料和能源的消耗以及对环境造成的破坏作用。将污染控制与减少消耗联系在一起，既可以防止环境问题从生命周期的某个阶段转移到另一个阶段或污染物从一个介质转移到另一个介质，也有利于通过全过程控制实现污染预防。同时有利于促进企业认识与之相关联的环境因素，正确全面理解应该担负的环境责任，积极建立环境管理体系，制定合理可行的环境方针和环境目标。还有利于协助企业发现产生与产品有关的各类环境问题的根源，发现管理中的薄弱环节，提高物料和能源的利用率，减少排污，降低产品潜在的环境风险，实现清洁生产全过程的控制。

二、绿色化工材料

1. 非传统原材料

化学反应类型或合成路线的最初选择在很大程度上是由起始物原材料的选择决定的。因此，原材料的选择在绿色化学的研究和实践中是很重要的。迄今为止，人工合成的有机化学品中，绝大多数是由石化原料制备的。原油的精炼要消耗大量能源，在使原油转化为有用的化学品的过程中，需要经过氧化、加氧或类似的反应过程。在用传统方法合成化学品的过程中，氧化过程是最主要的环境污染环节之一。

农业性原材料和生物性原材料分子中多数都含有大量的氧原子，如用这些物质取代石油作起始原料则可以消除污染严重的氧化步骤。故而，可用这类非传统的原材料——生物质材料取代石化材料用于化学品的绿色合成。

所谓生物质材料是指利用太阳能经光合作用合成的多种天然有机物，如农作物、草、树木和藻类等都属于生物质（biomass）。

生物质作为可再生的原料或能源有显著的优点：

① 化学合成工业中，如大量采用生物质代替石油或煤作原料，可大大节约石油等不可再生资源。

② 生物质中都含有的氧，可避免或减少以石油作原料时，需要使用有毒试剂的烃类加氧反应带来的环境污染问题。

③ 生物质能分解生成多种结构的材料，有利于开发新的合成反应和化学品。

④ 以生物质作能源燃烧时除放出与植物生长过程中吸收的相同量的 CO_2 外，不会向大气排放更多的 CO_2，有助于缓解因温室效应造成的全球气候变暖现象。

探索和开发非传统的可再生原材料是绿色化学研究开发与环境友好的产品的重要方向。

2. 催化剂的绿色化

绝大多数的化学合成和化工生产过程都是有催化剂存在下实现的，催化剂对化学合成的反应速率、反应的选择性和转化率，以及减少或消除副产物的产生等有着重要的影响。传统化学合成对催化剂的选择通常都比较重视生产过程的高效性和经济性而忽视环境效益和生态效应，催化剂在使用过程中大多数伴随污染问题的产生。研究和开发无毒无害和高效的催化剂是绿色化学研究开发与环境友好的产品的又一重要方向。

随着对催化剂绿色化的深入研究，用以代替环境有害的传统催化剂的新型环境友好催化剂不断被开发和应用。其目的不仅要提高化学反应的转化率和选择性，而且要从根本上清除或减少产生副产物和避免有毒有害物质对环境和人体的污染和危害。

目前在此领域的主要成果包括环境友好的酸碱催化剂（含固体酸碱催化剂、杂多酸及负载型杂多酸催化剂）、分子筛催化剂、选择性氧化催化剂、生物催化剂、手性合成或不对称合成催化剂、超临界非均相催化剂，以及光催化、声波和超声波的替换催化作用等。

美国Carnegie Mellon大学的化学教授Collins制备的绿色催化剂四氨基大环配体铁（Ⅲ）催化剂［tetraamino macrocyclic ligand，TAML iron(Ⅲ) activators］，结构如图6-2所示，能明显增强H_2O_2的氧化能力并使TAML/H_2O_2体系在生产中广泛应用。例如，在木纸浆生产过程中代替Cl_2或ClO^-，造纸和纺织工业排放物的脱色，石油精炼中脱硫等。

TAML铁系催化剂具有高选择性，在宽pH值范围有效，消耗能量少，不产生氯化副产物。

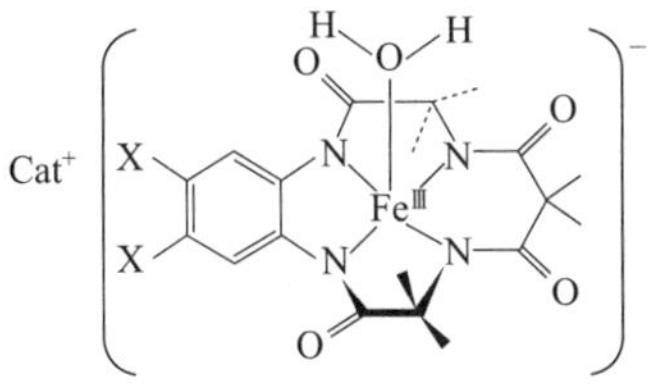

$Cat^+=Li^+, [Me_4N]^+, [Et_4N]^+, [PPh_4]^+$
X=Cl, H, OCH_3

图6-2 TAML iron(Ⅲ) activators结构

在环境保护方面，Collins及其合作者已用TAML活化剂促进H_2O_2进一步降解木质素，用以治理造纸厂排放废水中残余木质素造成的“黑水”污染，并取得成功。

近年来，开发的沸石分子筛催化剂目前已能控制和精细调节合成分子筛的结构和孔径，有针对性地合成符合工艺需求的各种不同类型的沸石分子筛。应用领域已从石油化工扩展到精细化工、农业和环境保护等领域。用于取代传统的酸碱催化剂，能成倍提高反应效率，优化产品质量，对设备无腐蚀，最重要的是实现了环境友好的生产过程。

三、绿色化学的环保应用

绿色化学在环境保护中的应用主要体现在工业应用的源头方面，如清洁生产的绿色化学工业和环境友好的绿色化工产品等。绿色化学对化工设计的要求，是从原料、化工过程和产品进行绿色设计，解决污染问题，实现“零排放”。是从根本上考虑过程或产品对环境、健康和安全的影响，在过程模拟、优化、合成与集成中将该影响作为约束条件或目标函数嵌入模型，从而实现过程系统集成的绿色化。实现真正意义上的清洁生产和生态循环，以彻底解决和消除工业过程的污染问题，走绿色化工的道路，以达到人类、社会和自然界的高度协调统一。

1. 化工清洁生产

清洁生产是指将综合预防的环境策略持续地应用于生产过程和产品制造中，以减少对人类和环境的风险性，包含生产全过程和产品整个生命周期的全过程。生产过程要求节约原材料、能源，尽可能不使用有毒的原材料，尽可能减少有害废物的排放和毒性；产品使用要求产品的整个生命周期，也就是从原材料的提取一直到产品最终处置的整个过程都尽可能地减少对环境的影响。

化工清洁生产的内容包括三个方面，即清洁的生产过程、清洁的产品、清洁的能源。

清洁的生产过程是指在生产中尽量少用和不用有毒有害的原料；采用无毒无害的中间产品，采用少废、无废的新工艺和高效设备，改进常规的产品生产工艺；尽量减少生产过程中的各种危险因素，如高温、高压、低温、低压、易燃、易爆、强噪声、强震动等；采用可靠、简单的生产操作和控制方法；完善生产管理；对物料进行内部循环使用，对少量必须排放的污染物采取有效的设施和装置进行处理与处置。

清洁的产品是指在产品的设计和生产过程中，应考虑节约原材料和能源，少用昂贵的和紧缺的原料；产品在使用过程中和使用后不会危害人体健康和成为破坏生态环境的因素，易于回收、复用和再生，产品的使用寿命和使用功能合理，包装适宜。旨在减少产品在整个生命周期过程中对人类和环境的影响。

清洁的能源是指常规能源的清洁利用、可再生能源的利用、新能源的开发、各种节能技术的推广以及提高能源的利用率。

清洁生产的绿色化主要体现在以下几方面：

① 原料绿色化　应选择无害、无毒的化工原料，并且在此类原料获得的过程中不产生环境污染。如研发替代光气的绿色原料、替代氰化氢（HCN）的绿色原料等。

② 化工过程绿色化　目标是实现“原子经济”反应，即原料分子中的原子全部转化为产物，最大限度地利用资源，实现废物的零排放。

③ 反应介质绿色化　采用无害、无毒的反应介质，主要是采用绿色催化剂（如酶生物催化剂）和溶剂（如超临界流体 SCF）。

④ 产品绿色化　生产出对环境友好的更安全的化工产品。

清洁生产的思想与传统的生产思想不同：传统的观念在考虑生产对环境的影响时，把注意力集中在污染物产生之后的处理方法上，以减少对环境的危害；而清洁生产则是要求把污染消除在生产过程中的污染产生之前。

2. 化工生产“零排放”

化工生产“零排放”（zero emission）是指在化工生产过程中，无限地减少污染物的排放直至为零的活动，即应用物质循环、清洁生产和生态产业等各种技术，实现对资源的完全循环利用，而不给环境造成任何废物。换言之，就是在化工生产中以最小的投入谋求最大的产出，在一种产业无法达到要求时，则构筑产业间的生产网络，将某种产业产生的废弃物或副产品作为另一产业的原材料。“零排放”主要包含两方面：一是要控制化工生产过程中废物的排放直至减少到零；二是将那些不得已排放出的废弃物资源化，最终实现不可再生资源和能源的可持续利用。

化工生产的“零排放”不单纯指减少废物直至排放为零，节约资源和能源、延长产品使用寿命、产品易回收、可重复使用也是重要内容，也是从分散的粗放型经济发展模式向“四高四低”（高技术含量、高质量、高效率、高收益、低物耗、低能耗、低水耗、低污染）的循环经济发展模式的转变。

3R 原则（减量化、再利用、再循环）和清洁生产是实现“零排放”的前提和手段，是生态工业园和循环经济量化指标的具体表现形式。生态工业园区是实现化工生产“零排放”的重要组织形态、发展形态，是必要的手段和载体。图 6-3 为丹麦 Kalundborg 可持续工业生态系统示意图。（摘自 Manahan S E. Environmental Chemistry. 7th Ed）

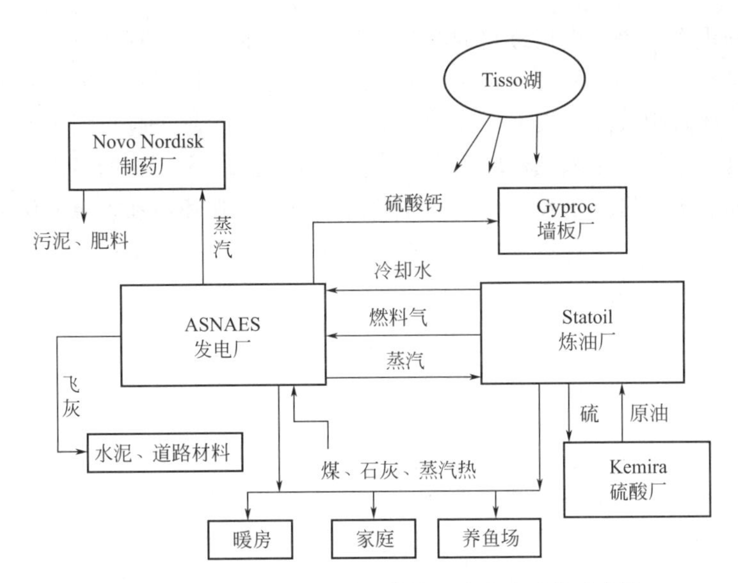

图 6-3　丹麦 Kalundborg 可持续工业生态系统示意图

3. 绿色化工产品

环境友好的绿色化工产品是指节能、节水、低污染、低毒、环保、可回收的一类化工产品，它也是绿色科技应用的最终体现。设计、生产和使用环境友好产品是绿色化学的一个重要方面，这种产品在加工、应用及废弃之后均不会对人类健康和生态环境产生危害。

美国总统绿色化学挑战奖中设计更安全化学品奖与绿色合成路线奖都涉及对这一类绿色化学产品的奖励。如 2007 年的绿色合成路线奖颁给了美国俄勒冈州立大学、哥伦比亚木业公司及赫克力士集团公司，他们合作开发了一种用大豆粉为原料制备的黏合剂的替代品，比起传统产品，新型黏合剂在强度和价格上更具优势。这种新产品在生产和加工复合木板材料时，可替代污染环境的甲醛黏合剂，同时也为大豆的销售提供了新市场，改变了当前大豆生产过剩的局面，增加了种植大豆的经济效益。

全球最大的化学公司之一的拜尔公司发明了化学新材料——高强度聚氨酯泡沫，这种材料可以广泛应用于新建房屋和旧房改造，仿佛给房屋穿上了保温“衣服”，这样改造的节能房屋每年取暖耗能大约是其他普通房屋的 1/10。

随着环境保护法规的日益严格，我国也在加速绿色建筑节能的改造。在环境友好机动车燃料方面，由菜油生产的生物柴油，由植物糖类生产的生物乙醇及其衍生物，以及由木质纤维素生产的生物甲醇及其衍生物的技术，已工业化投产应用。现已投产的共聚型光降解塑料有望解决因农业生产中大规模使用的塑料薄膜技术引发的白色污染问题。

面对全球垃圾资源与日俱增而天然资源日渐枯竭的残酷现实，利用固体废弃物，构建实施绿色循环系统工程技术，从而获取绿色循环材料，如再生纸、再生塑料、再生橡胶、再生纤维、再生金属等，也是当今环境化学和绿色化学亟待解决的重要课题。

绿色化学在环境保护以及环境污染的治理方面遵循的首要原则是从源头消除或降低污染物产生的风险，是在化学品的设计、制造和使用过程中利用一系列的原则来减少甚至消除有毒有害物质的使用或在过程中的生成。同时，绿色化学追求高选择性化学反应，极少副产品，甚至达到原子经济性，实现零排放。因此，绿色化学不仅可以防止环境污染，亦可提高资源与能源的利用率，提高生产过程的经济效益，是工业生产过程可持续发展的技术基础。

环境保护是可持续发展思想的重要组成部分，是衡量发展质量、发展水平和发展程度的客观标准之一。随着现代化的发展，环境与资源的基础支撑越来越重要，而环境的恶化和资源的耗竭，使这种支撑已越来越薄弱和有限。实现少投入、多产出的生产方式，进而减少经济发展对资源和能源的过分依赖，减轻对环境的压力。加强环境和资源的保护，以获得长期持久的支撑能力，实现人与自然的和谐与永久相处。这是可持续发展区别于传统发展的一个重要标志，也是环境化学和绿色化学对环境保护的共同追求。

知识自测

1. 简述20世纪世界八大环境公害事件。
2. 有学者呼吁"随着科技的迅猛发展，今日人类已逐渐陷入了全球性的资源危机和环境危机"，请谈谈你的认识和理解。
3. 绿色化学在设计实验和生产过程中应遵循绿色化的"5R"原则是什么？
4. 为什么要以绿色化学的发展理念来建设环境友好型的社会？
5. 化学工业主要从哪些方面对环境产生影响？
6. 谈谈你是如何认识绿色化学在环境保护中的应用。

延伸阅读

2017年"美国总统绿色化学挑战奖"

过去20年中，"绿色化学"的理念已经成为众多化学家和化学工程专家孜孜以求的目标。依照绿色化学十二条原则，美国环保署（EPA）每年评选出若干位卓越的化学家或研究团体，授予"美国总统绿色化学挑战奖"（Presidential Green Chemistry Challenge Awards）。2017年6月9日，2017年度的绿色化学挑战奖有四个团体和一位学者获得。

1. 绿色合成路线奖：默沙东公司（Merck & Co.，Inc.）

默沙东公司合成的药物Letermovir是很有希望的抗病毒药物，目前正处于三期临床试验中。而Letermovir的生产过程被称为是研究医药工业可持续生产的绝佳案例。在生产初期，默沙东便计划寻找高效的合成路线。该研究团队用高通量的方法筛选出低价、稳定、易再生的催化剂。该催化剂提高了产率，减少了93%的原料成本、90%的用水和89%的碳足迹，在环保和经济两方面都有耀眼表现。

2. 绿色反应条件奖：安进（Amgen）& 巴赫姆（Bachem）

安进和巴赫姆两位科学家联手改进了多肽固相合成技术，使Etelcalcetide（慢性肾病患者甲状旁腺亢进的治疗药物）的生产过程更绿色。改进后的多肽合成技术将反应步骤从5步减少为4步，生产效率提高了5倍，且消耗的化学溶剂量减少了29%，生产时间减少了44%，生产成本减少了24%。

3. 绿色化学品设计奖：陶氏化学（Dow）& 科勒（Koehler）

陶氏化学和科勒公司共同发明了创新型的热敏纸，为可持续成像技术做出了卓越贡献。传统底片中需要使用双酚A（bisphenol A，BPA），尽管对BPA及其类似物的环境风险还没有定论，但一些已有的证据足够让人担忧了。陶氏和科勒的新发明不仅仅是环保的，他们还改进了传统底片的一些其他缺点，如暴露在阳光下或接近热源会破坏图像等。新型热敏纸有三层，最上面一层是不透明的浅色层，热敏纸在打印机内受热，组成浅色层的颗粒会溃散，该层变得透明，使下面的黑色层暴露。而且这款热敏纸能兼容已有设备，这样消费者就无须更换设备了。

4. 小企业奖：UniEnergy 技术公司

UniEnergy 技术公司和太平洋西北国家实验室（the Pacific Northwest National Laboratory）合作开发并商业化一款先进的钒液流电池（vanadium redox flow battery），使储存电能更便捷更高效。这种钒液流电池的能量密度是现有液流电池的两倍，工作温度范围更广。因此能够在地球上的每个角落稳定持续工作。值得一提的是，它的电解质是氯化物，比传统电池中的硫酸盐更稳定；其溶剂是水，因而使用过程中不易降解，电池本身不易燃，而且可以循环使用。

5. 学术奖：宾夕法尼亚大学 Eric J. Schelter 教授

Eric J. Schelter 教授的突出成果是利用特定配体简易而高效地从消费品中回收贵金属元素（镧、镥、钪、钇等元素）。这些元素是现代科技，尤其是电子技术不可缺少的重要物质，但由于丰度较低难以分离，相关采掘、精炼和提纯是典型的高能耗高污染行业。另一方面，这些稀有金属的回收率非常低，只有1%。

Schelter 教授的团队发展了一类有机配体，能够轻松从混合物中分离出这些金属元素（Angew Chem Int Ed，2015，54：8222-8225）。目前，美国能源部正大力支持该技术朝工业级回收的目标发展。

参 考 文 献

[1] 姚运先. 环境化学 [M]. 广州：华南理工大学出版社，2009.

[2] 戴树桂. 环境化学 [M]. 北京：高等教育出版社，2006.

[3] 罗九甫. 酶和酶工程 [M]. 上海：上海交通大学出版社，1996.

[4] 赵景联. 环境生物化学 [M]. 北京：化学工业出版社，2007.

[5] 孟紫强. 环境毒理学 [M]. 北京：中国环境科学出版社，2000.

[6] 刘兆荣. 环境化学教程 [M]. 北京：化学工业出版社，2003.

[7] 顾雪元. 环境化学实验 [M]. 南京：南京大学出版社，2012.

[8] 董德明. 环境化学实验 [M]. 北京：北京大学出版社，2010.

[9] 韩春梅，王林山，巩宗强，等. 土壤中重金属形态分析及其环境学意义 [J]. 生态学杂志，2005，24 (12)：1499-1502.

[10] 程发良，孙成访. 环境保护与可持续发展 [M]. 第3版. 北京：清华大学出版社，2014.

[11] 苑静，唐文华，蒋向辉. 环境化学教程 [M]. 成都：西南交通大学出版社，2015.

[12] 王华. 持久性有机污染物在多介质中的分布及环境行为 [A]//中国环境科学学会. 2016中国环境科学学会学术年会论文集（第四卷），2016：6.

[13] 闵恩泽，吴巍. 绿色化学与化工 [M]. 北京：化学工业出版社，2001.

[14] 魏荣宝，梁娅，孙有光. 绿色化学与环境 [M]. 北京：国防工业出版社，2007.

[15] 牟晓红. 环境保护与清洁生产 [M]. 北京：中国石化出版社，2012.

[16] 胡常伟，李贤均. 绿色化学原理和应用 [M]. 北京：中国石化出版社，2002.

[17] 沈玉龙，曹文华. 绿色化学 [M]. 第2版. 北京：中国环境科学出版社，2009.

[18] [美] 阿尔贝特·马特莱克. 绿色化学导论 [M]. 郭长彬，等译. 北京：科学出版社，2012.

[19] 徐汉生. 绿色化学导论 [M]. 武汉：武汉大学出版社，2005.

[20] 李汝雄. 绿色化学中的环境因子与危险化学品 [J]. 化学教育，2004 (6)：1-7.

[21] 蔡卫权，程蓓，等. 绿色化学原则在发展 [J]. 化学世界，2009，21 (10)：2001-2008.

[22] 蒋达华. 绿色化学技术在环境污染治理中的应用 [J]. 工业安全与环保，2006，32 (1)：36-38.